区域特种设备
安全风险要素及预警

丁日佳　张亦冰　著

U0312021

中国质量标准出版传媒有限公司
中国标准出版社
北京

图书在版编目(CIP)数据

区域特种设备安全风险要素及预警/丁日佳，张亦冰著．
—北京：中国标准出版社，2020.6
ISBN 978-7-5066-9492-6

Ⅰ.①区⋯　Ⅱ.①丁⋯②张⋯　Ⅲ.①设备安全—安全
风险—研究—中国　Ⅳ.①X93

中国版本图书馆 CIP 数据核字（2019）第 236081 号

中国质量标准出版传媒有限公司
中 国 标 准 出 版 社　出版发行
北京市朝阳区和平里西街甲 2 号（100029）
北京市西城区三里河北街 16 号（100045）
网址：www.spc.net.cn
总编室：(010) 68533533　发行中心：(010) 51780238
读者服务部：(010) 68523946
中国标准出版社秦皇岛印刷厂印刷
各地新华书店经销

＊

开本 787×1092　1/16　印张 13.75　字数 287 千字
2020 年 6 月第一版　　2020 年 6 月第一次印刷

＊

定价 49.00 元

前　言

一直以来，特种设备在社会经济发展中扮演着重要角色。特种设备既是民生保障的重要基础设施，又是经济建设的重要基础设备。特种设备与人们的生产、生活息息相关，但具有较大的危险性，涉及人们的生命财产安全，故而特种设备安全被列为国家公共安全的一种。由此可见，保证特种设备的产品质量和安全运行，防止事故发生，降低事故影响，对于保障人们的生命财产安全，促进社会经济的平稳发展，具有重大意义。近年来，政府部门与学术界从不同的角度，针对特种设备安全风险进行了研究，并取得了一定的研究成果，但大部分研究是从生产、使用单位和基层监管部门的视角出发，关注微观层面的风险因素对特种设备安全和特种设备生产、使用单位安全的影响，还没有从监管的视角出发进行相关研究，关注宏观层面的区域特种设备安全风险。依托先进的风险管理和安全监管理论，对基于监管视角的区域特种设备安全风险进行深入研究有较强的理论意义和现实意义，对政府监管部门而言，此研究有很大的必要性。

本书旨在针对我国特种设备安全及安全监管中存在的问题，从监管的视角出发，结合相关基础理论，探索区域特种设备安全风险要素及作用机理，构建区域特种设备安全风险要素及机理模型，分析区域特种设备安全风险结构关系，设计区域特种设备安全风险预警模型。以我国 31 个省级行政区（除中国台湾、中国香港和中国澳门外）为例，对基于监管视角的区域特种设备安全风险预警等级进行测算，以此指导区域特种设备安全监管的方向、策略和措施，为我国特种设备安全战略规划目标的制定和安全监管体制的改革提供科学的依据，提高安全监管水平和效用，进而科学、合理地控制我国区域特种设备安全风险，实现从多个环节预防事故发生的最终目的。通过深入研究，主要完成了以下章节内容：

第 1 章，特种设备安全风险国内外研究现状及新方向。从特种设备安全及监管现状、特种设备安全监管研究现状、特种设备安全风险研究现状、特种设备安全风险研究方法四个方面梳理和分析了国内外研究现状，在此基础上提出了特种设备安全风险研究的新方向。

第 2 章，理论基础及理论研究框架。首先，从安全监管理论、区域科学与系统科学理论、风险及风险管理理论三个方面对基于监管视角的区域特种设备安全风险预警的相关基础理论进行了梳理和分析；其次，提出并初步界定了基于监管视角的区域特种设备安全风险，构建了风险的概念模型；最后，分析了基于监管视角的区域特种设备安全风险预警体系构成，设计了基于监管视角的区域特种设备安全风险预警框架，为后续的研究奠定了基础。

第 3 章，基于监管视角的区域特种设备安全风险要素及机理研究。运用扎根理论的质性研究方法，以专家访谈资料、特种设备安全事故案例和特种设备安全法律法规为分析材料，对基于监管视角的区域特种设备安全风险要素及其作用机理进行了探索性研究。最终，提炼出宏观环境、体制制度、监管状态、行业状况和事故影响 5 个主范畴以及 14 个次范畴，还有相关概念 51 个，以此构建了基于监管视角的区域特种设备安全风险要素及机理模型。在此基础上，优化了基于监管视角的区域特种设备安全风险的定义，明确了宏观环境是影响区域特种设备安全的客观条件要素，体制制度、监管状态、行业状况和事故影响是影响区域特种设备安全的系统要素。其中，体制制度会对监管状态和行业状况造成影响，监管状态会影响行业状况和事故影响，行业状况直接引发事故，并造成影响。

第 4 章，基于监管视角的区域特种设备安全风险结构关系分析。根据扎根理论的分析结果，构建了基于监管视角的区域特种设备安全风险结构关系模型，建立了体制制度、监管状态、行业状况、事故影响四个风险要素两两之间的结构关系假设；设计了调查问卷及测量量表。通过问卷调研获取数据，运用 PLS - SEM 对风险结构关系进行了深入分析，验证并修正了结构关系假设，进一步明确了风险因素之间的逻辑关系，同时也验证了基于监管视角的区域特种设备安全风险要素及作用机理，为后续基于监管视角的区域特种设备安全风险预警指标体系构建和权重计算奠定了基础。

第 5 章，基于监管视角的区域特种设备安全风险预警模型构建。在明确基于监管视角的区域特种设备安全风险内涵和指标体系构建目的的基础上，根据扎根理论的分析结果，按照核心范畴、主范畴、范畴、概念的层次划分和各层级要素，结合专家意见，构建了包括 12 个定性指标、25 个定量指标的风险预警指标体系。进而根据 PLS - SEM 对结构关系的分析结果，设计了基于网络层次分析法（ANP）的指标权重计算方法，采用正态曲线法，根据样本数据的分布特点，结合专家意见，确定单项指标等级区间，采用云模型和专家评价相结合的方式，分别对定量和定性指标等级隶属度进行计算，综合各指标权重及等级隶属度，计算各维度以及基于监管视角的区域特种设备安全风险预警等级，以此完成了预警模型的构建。

第 6 章，基于监管视角的区域特种设备安全风险预警等级测算。以 2015 年特种设备安全监管为例，运用所构建的基于监管视角的区域特种设备安全风险预警模型，对我国 31 个省级行政区域的区域特种设备安全风险等级及各维度安全风险等级进行了测算，并根据风险等级高低进行了排序。与此同时，从区域特种设备安全风险预警等级、各维度安全风险等级、单个区域综合情况三个角度对测算结果进行了分析。

第 7 章，基于监管视角的区域特种设备安全风险应对策略。根据基于监管视角的区域特种设备安全风险要素及作用机理的分析，结合预警模型的构建和实际测算结果，从国家层面和省级层面分别给出了基于监管视角的区域特种设备安全风险应对策略。在国家层面，以中央政府及特种设备安全监察局为主体，提出了综合应对策略，设计了在不同风险预警等级下，针对各省级行政区域的应对策略；在省级层面，以省级特种设备安全监察机构为主体，提出了综合应对策略。以 2015 年特种设备安全监管为例，指出了各省级行政区域应该优先改善和重点控制的风险指标，并针对每一项风险指标提出了应对策略。

本书得到"十三五"国家重点研发计划项目——承压设备基于大数据的宏观安全风险防控和应急技术研究（课题编号：2016YFC0801906）资助，同时，在撰写过程中也获得了课题组的帮助和建议，在此对参与科研课题及为我们提供了大量实证资料的同行和朋友表示感谢。

尽管在编写过程中尽心尽力，力求论述清楚、分析透彻、求同存异，以期对我国特种设备安全监管及风险管理有所裨益，但由于作者能力和水平所限，疏漏和不妥之处在所难免，恳请广大同行和各界读者批评指正。

丁日佳　张亦冰

2019 年 3 月于中国矿业大学（北京）

目　录

第1章 特种设备安全风险国内外研究现状及新方向

1.1 特种设备安全及监管现状

根据《中华人民共和国特种设备安全法》的规定，特种设备是指对人身和财产安全有较大危险性的锅炉、压力容器（含气瓶）、压力管道、电梯、起重机械、客运索道、大型游乐设施、场（厂）内专用机动车辆，以及法律、行政法规规定适用本法的其他特种设备。特种设备具有三个特点：一是与人们的生产、生活息息相关；二是具有较大危险性；三是具有公共安全属性。

1.1.1 特种设备经济地位及发展现状

一直以来，特种设备在社会经济发展中扮演着重要角色，既是民生保障的重要基础设施，又是经济建设的重要基础设备。特种设备分布极为广泛，从第二产业到第一、第三产业，从城市到农村，从企业到家庭，不同行业、不同区域、不同地点都能发现特种设备的存在。锅炉在工业生产中较为常见，被誉为工业生产的"心脏"，为工业生产提供热能、机械能；石油化工企业对压力容器和压力管道的依赖性很大，常用来储存和运输介质；电梯已经成为现代生活中必不可少的载人或载货工具，为人们提供了极大的便利；起重机械被称为工业的"骨干"，在装卸搬运过程中发挥重要作用；客运索道、大型游乐设施广泛服务于社会大众的生活娱乐，给予人们享受娱乐生活，贴近自然的工具；场（厂）内专用机动车辆在游乐场、景区和工厂等特定区域充当专用机动车辆。由此可见，八大类特种设备涉及人们生产和生活的方方面面，对促进社会经济的发展，保障人们生活质量起到了重要的作用。

我国特种设备数量伴随着社会经济的发展逐年递增。截至 2015 年年底，我国特种设备总量达 1100.13 万台，其中，锅炉 57.92 万台、压力容器 340.66 万台、压力管道 43.63 万公里、电梯 425.96 万台、起重机械 210.44 万台、客运索道 985 条、大型游乐设施 2.04 万台、场（厂）内专用机动车辆 63.02 万台、气瓶 13698 万只。对比 2005 年我国特种设备共计 376.30 万台的总量，10 年时间翻了 3 倍，平均年增长率高达 11.3%。本书统计了 2005—2015 年全国特种设备数量并绘制了发展趋势图，具体见图 1.1。

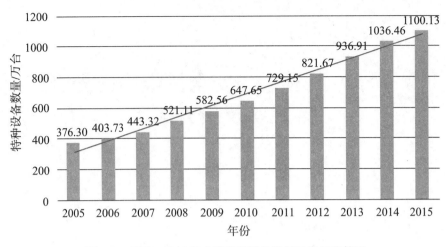

图 1.1　2005—2015 年全国特种设备数量及发展趋势图

通过 2006—2015 年特种设备数量的增长率与经济增长率对比发现（见图 1.2），特种设备增长率随着经济增长率的下降，也呈现下降趋势。由此说明，特种设备投入使用量紧随经济的发展而变化，从中也再次证明了特种设备在经济发展中的重要地位，从某种程度上说，特种设备的规模体现了经济发展的状况。

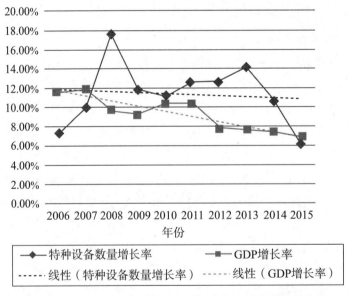

图 1.2　2006—2015 年特种设备增长率与经济增长率对比图

1.1.2　特种设备危险程度及安全状况

2010 年，原国家质量监督检验检疫总局（以下简称"原国家质检总局"）印发的《特种设备安全发展战略纲要》中指出，特种设备安全是国家公共安全的重要组成部分。

特种设备质量问题、不规范的使用和管理的疏忽极易引发安全事故，一旦发生事故，其事故损失和社会影响往往比较巨大，涉及人们的生命、健康与财产安全。2005—2015 年，平均每年发生特种设备事故 280 余起，平均死伤人数 630 余人，平均直接经济损失高达 5000 余万元，具体情况见表 1.1。

表 1.1　2005—2015 年全国特种设备事故情况统计表

年份	事故数量/起	死亡人数/人	受伤人数/人	直接经济损失/万元
2005	274	301	293	6964.69
2006	299	334	349	3490.76
2007	256	325	285	3337.03
2008	307	317	461	9789.48
2009	380	315	402	6181.16
2010	296	310	247	6681
2011	275	300	332	5880
2012	228	292	354	6333.79
2013	227	289	274	5426
2014	283	282	330	5759
2015	257	278	320	3515

2005 年，我国特种设备万台设备死亡人数为 0.97，10 年来呈现出逐年递减的态势，2015 年，特种设备万台设备死亡人数为 0.36，实现了国务院安全生产委员会下达的万台设备死亡人数不超过 0.38 的控制目标，万台设备死亡人数得到了有效控制。2005—2015 年全国特种设备万台设备死亡人数见图 1.3。

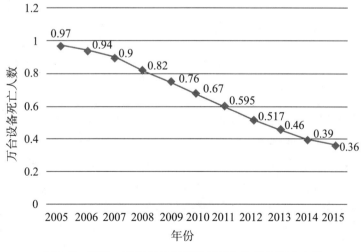

图 1.3　2005—2015 年全国特种设备万台设备死亡人数

3

由此可见，我国特种设备安全工作取得了一定成果，但特种设备规模及数量急速增大，使得事故率仍然较高，安全形势依然严峻。近两年来，发生了多起影响较大的事故。从机电类特种设备事故来看，如湖北荆州"7·26"自动扶梯事故，引发了媒体、公众极大的关注，进而从一般的事故演变成了一起公共安全事件，造成了巨大影响；从承压类特种设备事故来看，庆阳石化蒸馏装置事故、内蒙古鄂尔多斯换热器事故，造成了较大社会影响，尤其是在天津"8·12"事故发生之后，盛装易燃、易爆、有毒等危险化学品的承压设备，受到了更为广泛的关注。

1.1.3 特种设备监管体制变迁及现状

特种设备因其本身固有的危险性和公共安全属性，被纳入国家强制性安全监督管理的范围。1955年7月，经国务院批准，劳动部下设国家锅炉安全检查总局，标志着我国特种设备安全监管体制的诞生。至今为止，特种设备安全监管体制已有60多年的发展历史，对比国外发达国家，监管体制初创起步较晚，发展时间较短，改革变迁较多。根据监管体制历史变迁中的重要节点，将其大致划分为四个发展阶段：诞生与探索阶段、发展与稳定阶段、调整与完善阶段、优化与创新阶段。四个发展阶段具体事件如图1.4所示。

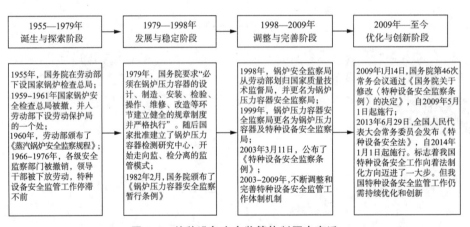

图1.4 特种设备安全监管体制历史变迁

根据《特种设备安全监察条例》的规定，我国现行的特种设备安全监管体制依然是分级监督的行政管理体制。原国家质检总局特种设备安全监察局负责全国特种设备的安全监察工作，县以上地方各级质量技术监督局特种设备安全监察部门对本行政区域内特种设备实施安全监察。原国家质检总局和各级人民政府受国务院的领导，地方各级质量技术监督局受本级人民政府的领导，同时接受上级质量技术监督局（或原国家质检总局）的业务指导。

当前，我国特种设备安全监管主要是采用"行政许可＋监督检查"双轨制的安全监管模式，对设计、制造、安装、改造、修理、经营、使用和检验等八个环节进行全覆盖全过程的监督管理。行政许可制度主要包括：对特种设备生产单位、使用单位和检验检测单位的行政许可、特种设备的使用登记注册、特种设备作业人员和特种设备检验检测人员的考核发证等内容。监督检查制度主要包括：强制检验制度、执法检查制度、事故处理制度、安全监察责任制度。我国现行特种设备安全监察体制如图 1.5 所示。

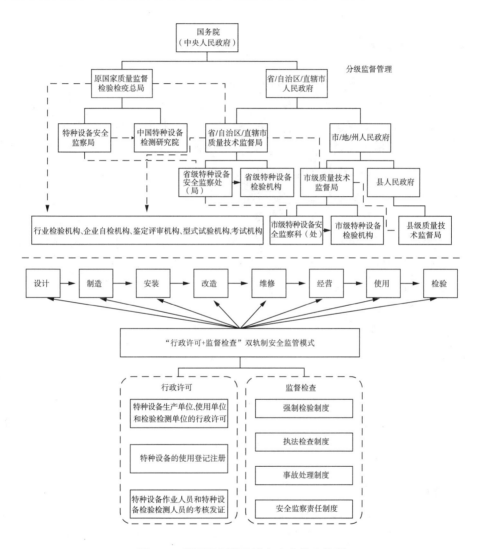

图 1.5　我国现行特种设备安全监察体制

原国家质检总局与地方各级质量技术监督局是特种设备安全监管的行政执法主体，负责对特种设备全生命周期八个环节的行政许可，组织作业人员、检验检测人员的考核，对各相关单位的违规行为做出行政处罚、行政强制措施，并承担向社会发布安全状况公告、组织制定和发布规范性文件等职责。原国家质检总局与地方各级质量技术监督局均下设特种设备安全监察机构（如特种设备安全监察局）和特种设备检验机构（如中国特种设备检测研究院），分别负责特种设备安全监督与检验工作的具体实施，包括产品制造、安装、改造、修理等监督检验、充装执法检查、使用单位定期检验与执法检查、检验检测机构监督考核与执法检查、作业人员和检验检测人员工作质量考评等。行业检验机构、企业自检机构、鉴定评审机构、型式试验机构、考试机构由原国家质检总局或省级质量技术监督局确定或许可。

1.1.4 特种设备安全监管主要问题

随着我国特种设备安全监管体制的不断完善，安全监管工作日渐成熟，在防控特种设备安全事故方面取得了较为显著的效果。但目前，我国特种设备数量持续增加，规模不断扩大，安全事故依旧时常出现，安全监管形势依然严峻。与此同时，在经济社会稳定发展的过程中，特种设备相关技术日新月异，特种设备向大型化、高参数、高风险的方向发展，给予我国特种设备安全监管工作新的压力。因此，目前我国特种设备安全监管工作仍存在一些矛盾和问题。主要体现在以下几点：

（1）特种设备安全状况与广大人民群众日益增长的质量安全需求不适应

随着互联网的发展，不安全事件曝光的速度不断加快、事件影响力也逐渐增大。特种设备与广大人民群众的生产、生活息息相关，在此大环境下，其质量安全问题更加受到广大人民群众的关注和重视。目前，虽然我国特种设备安全状况持续好转，但事故率仍然较高，仍有特大事故发生，且事故影响较大，尤其对于电梯的质量安全问题，广大人民群众的满意度不高。

（2）特种设备安全监管和检验力量与设备快速增长的客观需求不适应

随着经济社会的稳步发展，各领域特种设备的需求持续增高，特种设备的规模不断增大、数量不断增多，且在未来的很长时间内仍将继续保持高速增长的态势。与此同时，特种设备新技术、新产品层出不穷，各类特种设备参数不断提高，风险不断加大，监管的难度较大。目前，我国整体特种设备安全监管和检验力量薄弱，资金投入不足，工作压力进一步增大。

（3）特种设备监管方式与市场经济条件下安全节能工作的需求不适应

特种设备数量的不断增长，使得安全监管的压力逐渐增大，传统的监管模式和方式已经不适用于市场经济条件下的安全节能工作。目前，我国特种设备安全监管主体及监管方式单一，各相关单位的监管作用未能充分发挥，市场主体责任未能有效落实，多元共治的监管模式及机制未能真正落地，监管工作体系仍需持续完善，现场监察手段还需结合信息化不断创新。

1.2　特种设备安全监管国内外研究现状

1.2.1　国外特种设备安全监管现状

国外发达国家的特种设备[①]应用较早，发展更为迅速。同时，特种设备安全监管起步较早，监管体制模式更为成熟。但是，各个国家的监管模式也各有不同。下面具体对典型国家的监管情况进行介绍。

美国是联邦制国家，各州享有对特种设备安全监管的自主权，联邦政府仅对个别重要类型设备（如核设施和军事设施）以及跨州使用的设备进行管辖，并将许可和检验的工作委托于所属州监管部门[1]，例如，加利福尼亚州的特种设备主要由马来西亚职业安全与健康部（DOSH）负责监管，主要职责包括设备的登记、各类人员的许可、监督检查、设备检验等。与我国的监管情况不同，美国的特种设备根据类型的不同，由不同主管部门进行监管，职责划分明确，如美国联邦管辖的核电站由原子能管理委员会负责监管，铁路上的特种设备由联邦铁路管理局负责监管，跨州管道和气瓶等移动式设备由交通运输部负责监管。

加拿大同样为联邦制国家，各州与联邦政府的监管职责与美国相似[1]。近年来，加拿大的特种设备安全监管体制改革力度较大，联邦政府虽然对一部分特种设备有管辖权，但并没有组建专门的监管机构。联邦政府将许可、检验等监管工作下放给各州政府承担，各州政府也在逐步将监管工作授权给第三方非营利性机构，并实行监管和检验合一的管理体制，例如，1997 年安大略省设立省技术标准安全局（TSSA），而政府监管机构则主要负责立法、授权管理和监督。

欧盟的特种设备安全监管在生产和使用环节有所不同[2]。对于生产环节的特种设备，欧盟有统一的监管模式，要求其设计、制造以及合格认定必须符合欧盟下达的指令、相关协调标准及各成员国的标准；对于使用环节的特种设备，各成员国则按照各自的法规进行监管，欧盟仅通过相关指令对市场监督做出原则性规定和保障性措施，不作统一的规定，具体监管部门和监管实施各成员国不尽相同。

德国作为欧盟成员国，其特种设备安全监管由多个机构完成[1]。联邦政府劳动与社会保障部所属的劳动权利与劳动局负责制定立法；各州政府的工商监督局负责检验单位和检验人员的许可审批，特种设备的许可、现场监督检查和事故调查处理等；除此之外，每个州均有属性为第三方机构的技术监督协会（TUV），联邦政府层面有技术监督协会联合会（VdTUV），由各州技术监督协会（TUV）代表组成，主要负责经验交流、检验和监督工作的一致性、法律和技术规程使用的一致性、对法律和技术规范进行必要的修改建议、培训和进修等。

---

①　在国外，并没有"特种设备"的统一概念，文中所述国外"特种设备"均指与我国特种设备所包括设备类型相同的设备。

韩国的特种设备安全监管根据设备类别的不同分属不同的监管部门。以电梯为例，隶属于事故安全预防室生活安全局的升降机安全课是韩国国家层面的负责电梯安全监管的专职监管机构，主要负责全国电梯的安全监管、电梯安全的法规规范的制修订等工作。目前，韩国已建立了电梯安全监管信息系统，采用智能监测系统与情报信息系统对电梯进行监管。

日本的特种设备安全监管与韩国类似，同样根据设备类别的不同分属不同的监管部门[3]。其中主要涉及三个监管部门，一是劳动厚生省所属的劳动基准局，主要负责锅炉、压力容器、起重机械和企业内电梯的安全监管；二是经济产业省所属的立地公害局，主要负责高压气体容器气瓶和压力管道的安全监管；三是国土交通省所属住宅局，主要负责公共场所的电梯和游乐设施的安全监管。

1.2.2　国内特种设备安全监管研究现状

自《特种设备安全监察条例》（国务院令第 373 号）于 2003 年 6 月 1 日实施以来，我国对特种设备安全监管的研究不断深入，目前已有的相关研究较为成熟。研究的内容主要包括以下两个方面：

1. 监管问题分析及建议的研究

钱宗明在研究中认为特种设备安全监管责任落实的难点在基层，并对责任机制的现状进行了分析，从立法、体制、模式等方面提出了存在的问题[4]；李同德等认为建立特种设备安全动态监管体系是实现监管长效机制的有效途径，并对动态监管体系的建立提出了政策性建议[5]；罗云等通过对特种设备安全监管现状进行调研分析，有针对性地建立了一套监管业绩测评指标体系[6]；王福德等认为基层特种设备监管工作受监管模式、人力、财力、物力等资源的制约，存在作业人员资质监控不利、现场监察形式化、违法行为处理措施脱离实际三项不足[7]。

国务院发展研究中心"中国发展观察研究"课题组从特种设备安全事故及安全监管的基本现状出发，深层次地分析了存在的主要问题，总结了相关经验教训，提出了发展思路和对策建议[8]；阮素梅在研究中认为对于特种设备安全监管而言，实施区域监管是发展的必然趋势，并对如何设置区域监管机构、如何划分责权利等问题进行了分析和探讨[9]；彭浩斌在借鉴部分国外工业发达国家的特种设备安全监管模式的基础上，对我国特种设备安全监管体制的问题进行了剖析，并提出了安全监管体系构建的设想[10]；孔建伟总结了国外工业发达国家的经验，分析了我国特种设备安全监管存在的问题和原因，提出了改进和完善特种设备安全监管模式的对策[11]；张东栋针对基层特种设备安全监察工作，从把握工作重点、强化基层服务、协调主体关系三个方面提出了政策性建议[12]。

潘登针对特种设备安全监管问题，从监管体制、监管制度、人员素质、教育培训、监督检查等进行了深入的剖析和研究，并结合先进的理论和思想，以湖南省为例提出了特种设备安全监管的总体思路和具体措施[13]；王文湛对赤峰市特种设备安全监察工作进行了分析，对存在问题进行了讨论，并从监察队伍建设、主体责任落实、检验机构建设、提升行政执法等方面提出了解决问题的对策[14]；冯杰等通过确定衡量特种设备安全监管能力和特种设备安全绩效的指标，对两者之间的相关性进行了分析，并得出可以通过增加监管资源投入，提高人员素质，强化监管执行来提高安全监管能力，降低事故数量的结论[15]；冯杰等分析并选取了衡量特种设备安全监管的宏观指标，根据 ALARP 准则，对指标增速可接受水平进行了研究，并根据研究结果为安全监管的改善提供了应对策略[16]；谢腾飞等对我国目前场（厂）内机动车辆安全监管存在的问题进行了重点分析，并提出了相应的政策性建议[17]；郝素利等对特种设备安全监管的目标等进行了分析，并通过抽取安全监管的关键要素，运用 ISM 构建了特种设备安全监管的七大体系，为特种设备安全监管提供了监管重点[18]。

李党建等认为在行政体制改革不断深入的大背景下，重点在于充分发挥特种设备"三架马车"的作用[19]；薛宇敬阳等回顾了美国、英国、澳大利亚特种设备安全监管体系的发展，并针对我国特种设备安全监管压力不断增加的现状，提出了完善性建议[20]；杨璐等运用数据包络（DEA）模型，对特种设备安全监管的绩效进行了测评，并提出了相应的改进意见[21]；高远等基于系统性思维，结合特种设备安全监管中各主体的责任和义务确定监管要素，分析系统要素的特点和关系，建立因果循环回路模型，以此来研究舒缓特种设备安全监管压力的问题[22]；姜翊博对部分发达国家的特种设备安全监管模式进行了分析，并根据东营市的特种设备安全监管情况，针对监管体系的优化问题提出了政策性建议[23]；张松认为目前县级监管部门作为最基层的电梯安全监管机构，监管工作仍存在很多问题，如隐患未及时整改，特种设备"三无"现象仍然存在、电梯投诉呈上升趋势等，并针对具体问题提出了建议[24]。

2. 基于风险的监管模式的研究

毛国均对在欧美发达国家兴起的基于风险的检验（RBI）方法进行了介绍，并针对我国定期检验模式进行了借鉴性分析[25]；顾徐毅对基于风险的安全评价理论进行了基础性研究，结合事故树分析、安全检查表、模糊综合评价等方法，设计了适用于电梯的基于风险的安全评价方法[26]；黄欣结合特种设备安全监管工作中存在的问题，从监管部门的立场出发，对如何构建起基于风险特种设备安全监管模式进行了深入研究，最终建立了监管模式并在广州进行了实际应用分析[27]；郭冰研究了储罐群风险评估技术（RBI）的理论方法，建立了储罐定量风险分析模型，对 525 台储罐，1050 个设备进行了大型常压储罐群风险评估技术的应用研究[28]；毛玮在风险管理理论研究的基础上，识别了西塔电梯安装工程项目中的安全风险因素，并对其进行量化分析，提出控制风险的策略[29]；孙春生对电站承压设备的安全管理体系进行了研究，该安全管理体系融合了以可靠性为中心的维修和基于风险的检验的理念[30]。

何倩根据特种设备的类型和全生命周期过程，建立了特种设备事故隐患分类体系，构建了基于风险理论的特种设备事故隐患分级模型，并在确定分级标准的基础上，提出了特种设备事故隐患实施分级监督管理策略[31]；郝素利等以企业为监管对象，综合运用风险管理的理论和方法，基于风险的视角，识别、分析、评估了企业使用的特种设备危害因素，确定了企业风险评分等级，并提出了分类监管的构想，按照风险评分等级来进行监管[32]；崔庆玲站在政府的视角，构建了一套针对特种设备使用环节，基于风险的特种设备行政许可策略及方法[33]；王新杰针对特种设备运行中的风险，研究了特种设备事故发生的可能性和严重性，建立了风险分级模型，为安全监管部门决策提供了依据[34]。

罗云等建立了包含动态和静态风险指标的承压设备典型事故现实风险分级评价模型，以锅炉爆炸为例验证了模型的适用性，为承压设备安全事故的监管工作提供了依据[35]；王新杰等设计了承压设备运行的现实风险评价分级方法，并依据评价分级结果，对承压设备的风险等级进行了划分，并提出了相应的安全监管措施，为提高安全监管效能提供了科学的方法[36]；杨燕鹏提出了基于风险评价的压力管道分级方法，并将 ABC 管理方法与实际安全监管相结合，设计了适用于政府和企业的安全监管策略[38]；孙宁在理论研究的基础上，对国内外特种设备分类监管的实践情况进行了分析，并针对我国特种设备分类监管策略体系进行了设计，在监管配套措施方面提出了相关建议[39]。

1.3 特种设备安全风险国内外研究现状

自从基于风险的检验（RBI）与基于风险的监管（RBM）在全球各国的特种设备领域不断流行以来，国内外针对特种设备安全风险的研究逐渐增多，经过多年的发展，学术界和政府已从不同的角度，针对特种设备安全风险进行了深入的分析，并已经取得了一定的研究成果。主要包括以下几个方面。

1.3.1 设备固有安全风险研究

门智峰等在对国外相关风险评估技术进行分析的梳理的基础上，针对我国特种设备风险的特点，从特种设备质量出发，提出了一套定量加权平均分析法来计算特种设备的风险值[40]；孙新文对国外大型石化公司 RBI 的应用进行了论述，展望了 RBI 在我国石化公司特种设备管理中的应用，应用 RBI 可对设备或部件的风险分析，探究破坏机理，确定检查技术，控制风险，以此延长设备运行时间，减少维修工时[41]；张纲首先对特种设备安全现状进行了分析，进而以检验检测、安全风险寿命评估为两条主线，介绍了事故防范技术，包括针对设备本体无损检测技术、安全状况综合评价技术、管道完整性管理技术、结构完整性评价技术、寿命预测技术、风险评估技术等，以及与国外技术相比的差距[42]；丁惠嘉根据自身多年的检验检测经验，结合升降横移类机械式停车设备的运行原理和特点，发现钢丝绳传动装置、防坠落装置、人车误入检出装置等是影响该类设备的安全的重要因素[43]。

张广明等构建了包含曳引绳、超载装置、极限开关动作次数、超速保护装置等 15 个电梯安全风险的评价指标体系，设计了 F-AHP 和 EBP 神经网络相结合的方法对电梯安全风险进行评估[44]；Kohiyama M 等为解决高层建筑中电梯绳摇摆的问题，基于复杂的全二次组合方法（CCQC），对建筑物和悬索的地震损伤风险进行了研究，并以日本东京一处建筑物的电梯绳索风险性进行了评估[45]；Park 等提出了基于风险的电梯检验方法，该系统决策技术用以识别可能失效的部件及其后果，是权衡经济性和安全性之后提出的电梯维护方法。文中运用韩国的故障统计数据对该技术进行了评价，验证了该技术的有效性[46]；何俊等对埋地原油管线的失效的可能性和严重性进行了分析，由此设计了埋地原油管线的评价方法，对管道的各个位置的安全风险进行了测算[47]。

Kohiyama M. 等在考虑了长周期分量和相位特点的基础上，分别对 50m、100m、150m、200m 和 250m 高的建筑电梯的地震风险性进行了评价[48]；Liu F 等分析了电站锅炉的故障机理，并对电站锅炉管的蠕变损伤因子计算技术模块和高温烟气侵蚀细化技术模块进行了研究，提出了基于风险检测技术的电站锅炉风险评估方法[49]；高亮等对高压聚乙烯装置的腐蚀机理进行了研究，进而基于 RBI 技术对齐鲁石化的高压聚乙烯装置进行了定量分析，并通过风险分析结果提出了降低风险的策略[50]；于源等从安全保护装置、运行管理、维护检修 3 个方面构建了包括 11 个指标的电梯安全风险指标体系，结合事故树分析法（ATA）以及层次分析法（AHP）建立了电梯系统风险多层次评估模型[51]；Yang J B 等在传统的风险描述基础上，提出了考虑由压力特种设备事故对社会造成的影响，即将风险强度作为一种修正因子引入。并在用风险强度修正事故影响后，建立了系统风险模型，解释了同一设备故障在不同情况下对社会的不同影响[52]。

Liu Y J 等提出了包含设计、制造、安装、维护、使用、检验以及综合考虑专家意见等主观和客观因素的电梯安全风险评价方法[53]；Liu B L 等提出了基于机器学习的电梯安全管理评价方法。采用安全检查表收集电梯安全相关数据，基于模糊集确定安全风险因素。文章验证了该方法能够找到电梯潜在的安全风险[54]；Jung S H 等讨论了如何选择合适的压力容器破裂模型，以及如何利用它来计算被占建筑物内的脆弱性[55]；赵鑫对起重机械的主要零部件进行了 FMEA 分析，收集了失效数据、概率等信息，设计了其中机械零部件的风险评估方法，提出了起重机械 RCM 预防策略[56]；金恋以球罐缺陷的统计数据为基础，对缺陷的原因进行了分析，提出了球罐失效的主要因素，对球罐重大危险源进行了评价，并提出建议[57]。

Li Y J 等针对电厂锅炉的风险监测、评价和管理的要求，建立了基于风险的检测和评价技术、生命预测和管理方法，开发了加热面、标头、鼓、锅炉风险管理和寿命预测系统等重要组成部分。提出了合理有效的检验方案和维修策略，以降低事故率、实现最小损失和最优安全投资效益[58]；Che C 等根据相关法律、法规和标准，从设备状态、运行条件、技术管理三个方面对电站锅炉的安全状况和风险因素进行了综合分析，并在此基础上建立了多级结构模型，为规范电厂安全管理、提高企业安全管理水平提供了依据[59]；朱连滨等针对 8 大类 52 种特种设备，通过分析特种设备故障原因以及特种设备全生命周期各个环节风险发生的可能性和严重性，分别构建了风险评价指标体系和评估方法[60]；杨强等以桥式起重机为例，针对具有可测量退化量的潜在故障模式——主梁下挠超标，推导了主梁两阶段可靠寿命的退化规律，得出了在给定可信度下主梁从下挠值为 0 至发生潜在故障和发生潜在故障后继续使用至发生功能故障的工作时间，进而为主梁的检测和维修提供理论基础[61]。

钱剑雄等提出了客运索道定量风险评估的流程，通过引入设备特征系数、管理系数和失效系数对客运索道的失效概率进行了修正，将人员伤亡和经济损失两个指标作为经济指标进行计算，设计了风险等级评定准则，提出了客运索道风险评估方法并进行了适用性验证[62]；董颖等在 8 类设备风险强度和每类单体设备风险分级（3 级）的基础之上，建立了特种设备整类综合风险评价层次结构模型，建立了特种设备同类、异类和复合类风险模型，对同类、异类和复合类设备进行了风险计算、评价和排序[63]；Sharp W. B. A. 认为基于风险的检查能够提高锅炉检查和维护活动的成本效益，提出了在锅炉回收过程中降低人员危害、环境污染和企业损失的检查维护策略[64]。

1.3.2　生产/使用单位安全风险研究

苗宏亮从企业安全管理、设备安全状况、人的安全因素 3 个维度构建了特种设备安全评价指标体系，运用模糊综合评价方法对宿迁市特种设备使用单位的安全管理状况进行了评价[65]；杨振林等从固有危险性、危险性控制、特种设备管理状况、特种设备人员管理、安全生产制度及安全管理状况 5 个方面出发，对特种设备使用单位进行了风险评价[66]；惠志全等认为使用环节是特种设备的重要风险环节，包括人员操作、设备管理、安全环境等因素，并采用模糊综合评价的方法，对企业的承压设备进行了评价[67]；张立文等针对特种设备使用环节的安全现状，提出了对使用单位进行定性分析，分级评价的方式，采用不同监管对策，对使用环节的安全风险进行控制[68]；江书军等以研究特种设备使用单位典型案例为切入点，从人、机、环、管 4 个方面系统分析了影响使用单位的主要风险因素，构建了风险评估指标体系[69]。

曾珠等从适于监管的角度出发，对特种设备使用过程的风险因素进行了识别，确定了 26 个关键风险因素，并运用层次分析法（AHP）对各因素的权重进行了计算，分析了各因素的重要性[70]；信春华等对特种设备使用单位的安全风险因素进行了分析，根据现有的研究结果，基于 B/S 结构设计了特种设备使用单位风险评价信息系统，为推动使用单位安全监管的信息化发展奠定了基础[71]；江书军基于风险管理理论，根据特种设备使用单位风险评级指标体系的已有研究，结合现实应用情况，对风险评价及分级监管的科学性和合理性进行了研究[72]；柳朝译以阳江市住宅小区电梯安全为研究对象，对住宅小区电梯安全风险因素进行了分析，认为使用单位安全主体责任未落实、电梯维保服务市场失灵等问题是造成住宅电梯存在安全隐患的主要原因[73]；曹康依据海因里希事故发生的影响因素理论，从人员素质、容器设备、安全管理和环境因素 4 个维度选取了 19 个指标，构建了海洋平台压力容器安全评价指标体系，并提出"1～5"五标度层次分析法确定各指标权重[74]。

1.3.3　监管部门安全风险研究

蔡昌全在对我国特种设备安全法规体系颁布、实施过程进行研究的基础上，对特种设备法规体系存在的问题和产生问题的原因进行了分析，认为这些问题将给特种设备检验机构落实检验责任带来一定的责任风险[75]；梁峻等以构建特种设备风险管理体系为主要研究目标，对行政许可和监督检查等我国特种设备安全监管机构需履行的相关职责进行问题分析时，认为我国特种设备安全监管依然存在行政管理效率低下、监督管理机制不健全、法规体系不够完善、关键技术得不到有效解决等问题[76]；吴祖祥以风险管理理论为指导，针对特种设备安全监察中存在的突出问题，对 3 类安全监察人员设计了 3 种风险预警方法，并以福州市 2009 年特种设备安全监察的实际情况为例，进行了实证分析[77]。

王新浩等对特种设备安全监管机构改革所产生的风险因素进行了分析，基于 JSA、RAC 和 ALARP 等风险管理技术，并构建了一套风险预警和控制方法[78]；林榕捷在对国内外风险评价理论进行分析的基础上，系统分析了我国特种设备安全监察中存在的问题，从人、机、管等主要因素出发，提炼了特种设备安全监察风险并进行了详细的研究[79]；张和军在我国特种设备监管体制改革的大背景下，基于风险评估理论，结合自身从事监管工作的经验，对特种设备及安全监管的相关问题进行了分析，根据问题产生的原因，从风险的角度出发，提出了针对莱芜钢城特种设备的监管制度[80]；王铮对特种设备行政许可改革的方法进行了研究，提出了基于风险分析的改革方法，以实现职能转变的风险最小化，为政府行政许可改革提供建议[81]。

1.3.4　行业整体安全风险研究

杨胜州提出了一套指标体系，对特种设备行业的整体安全状况进行了评价，该指标体系涵盖较多的定量指标，为安全监管部门客观地把握行业整体状况，明确监管策略奠定了基础[82]；曾珠对承压类特种设备社会风险的演化机理进行了分析，从而分析其影响因素，基于风险理论设计了承压类特种设备社会风险预警和控制方法[37]；王冠韬等以特种设备的整体风险水平为研究主体，在明确监管方向和重心的基础上，采用幂函数型功效系数法，建立了宏观安全风险评价模型，并以全国特种设备宏观风险评价结果为基准，对北京地区电梯风险水平进行了测量[83]。

1.4　特种设备安全风险研究方法

1.4.1　风险因素识别方法研究现状

"风险"的概念起源于保险行业，其识别的方法也最先出现在保险行业，随着"风险"在不同领域的不断扩展和延伸，风险识别方法的研究与运用越来越多，目前常见的风险识别方法主要有以下几种：

（1）定性分析法[84]。该方法主要通过研究人员或相关专家的经验判断与主观分析，分析事物的特性与要点，从而识别风险要素。通常情况下会采用德尔菲法、头脑风暴法等，召开访谈会议，面向多位经验丰富的专家和资深研究人员咨询与提问，进而将讨论所得的风险因素汇总、整理与优化，从而完成风险识别。

（2）安全检查表法[85]。该方法的重点在于编制安全检查表，主要将相关法律法规、行业标准、企业规章制度、相关工作经验以及系统安全分析的结果等关键内容列入检查表，将项目实施的实际情况与表格相对比，分析存在的问题和缺陷，进而识别出风险点，故而该方法又被称作表格识别法。

（3）图解法[86]。该方法的主要目的是将复杂的问题简单化，抽象的问题具体化，常见的图解法有影响图分析法和鱼骨图分析法两种。影响图分析法是一种结构模型，主要通过概率推理和决策分析，对风险进行识别和评估，是一种有效的风险分析工具；鱼骨图分析法又被称为因果分析图法，是在明确问题的前提下，根据问题形成的因果关系和过程，推理产生问题的要素的方法，该方法广泛应用在风险识别的研究环节。

（4）工作分解结构法（WBS）[87-88]。主要应用于项目管理中，该方法可以将项目总目标逐步分解为工作任务，工作任务分解到作业单元，并可以用树形图的方式予以呈现，表示出各作业单元、工作任务之间的关系。在风险识别的过程中，需要明确项目的组成和各部分关系，进而才能系统地从中发掘问题和风险点，因此 WBS 是一种识别风险的有效手段。

（5）流程图法[89]。该方法的主要特点在于以工作流程为主线，全面分析每一个环节、每一个阶段的工作，深入挖掘每个可能出现风险的关键环节，并对风险可能产生的影响进行初步分析和判断。目前流程图法主要应用在工程管理和项目管理领域。

（6）筛选—监测—诊断技术法[90]。顾名思义，该方法在风险识别的过程中可以划分为 3 个部分。其中，筛选主要是将特定研究对象的风险因素进行分类，确定各风险因素的重要性，判断主要引起损失的因素，进一步明确关键风险因素；监测是将关键风险因素的观测结果进行记录和分析，监测风险因素的变动情况；诊断是根据监测的结果进一步深入分析，结合常态规律，发掘异常现象，从而识别风险。

（7）系统分析法[91]。该风险识别方法以系统思想和理论为基础，在明确系统特点和属性的前提下，从系统安全的整体出发，关注系统各个组成部分及其结构关系，进而深入挖掘各层次风险要素及其作用机理。目前主要使用的系统分析方法有：系统动力学分析方法[92]、事故树分析法（FTA）[93]、故障类型及影响分析法（FMEA）[94]、作业安全分析法（JSA）[95]、危险预先分析法（PHA）[96]等。

（8）数据挖掘的风险识别方法。利用分类和聚类的方式，通过对事故案例或其他记录风险的样本数据进行挖掘和提炼，最终获取风险因素的方法。例如，利用 SVM 解决小样本、非线性及高维模式识别问题[97-98]；运用文本挖掘的方法（LDA 主题挖掘）对事故及失效案例进行数据挖掘[99-100]；基于决策规则的神经网络，利用粗糙集从数据样本中获取最简练的决策规则，按决策规则语义构建一种不完全连接的神经网络，以此识别和筛选风险因素[101]。

（9）扎根理论[102]。该方法是一种质性研究方法，通常用于探索新理论，构建理论模型。具体过程为：通过专家访谈、文献研究、案例搜集等方式系统化地搜集现实资料，进而对所搜集的原始资料进行归纳性分析，将资料中的内容不断地提取，逐步形成概念、范畴、主范畴、核心范畴，最终整理发展出新的理论或对现有理论进行修正。在风险识别中应用该方法，可以从新的研究视角出发，系统地识别和分析原始数据中所隐含的关键风险因素，并逐步的归纳总结出风险要素，最终形成风险要素模型。

1.4.2　指标权重确定方法研究现状

目前，国内外学术界常见的指标权重确定方法大致可以分为 3 类：主观赋权法、客观赋权法和主客观集成赋权法。3 种方法各有特点，主观赋权法是根据决策者提供的相关信息或数据进行赋权的方法，其主要特点是依赖于决策者的主观意志；客观赋权法是根据指标原始数据进行赋权的方法，其主要特点是对数据的质量和完整性有较高要求；主客观集成赋权法是在主观和客观赋权法的基础上，综合形成的一类较为科学的权重确定方法，吸纳了前两种赋权法的特点。

主观赋权法不受指标原始数据可获得性的影响，能较好地反映决策者的专业知识和经验的积累，但具有较大的主观随意性，因此在应用中需要关注权重的真实性和可靠性；客观赋权法的原始数据来自指标的原始数据，具有绝对的客观性，但这种方法完全不能体现决策者的主观意愿，当数据缺失或数据量较少时，其权重的合理性不宜保证，且定量分析的结果很可能与现实规律背离。集成赋权法既能体现出决策者的主观意愿，保障权重的合理性，又能在一定程度上反映客观实际，确保指标权重的真实可靠性。

近几年来，3 类赋权法不断涌现出更多新的指标权重确定方法。目前，主观赋权法主要有：专家咨询法（Delphi 法）[103]、变异系数法[104]、梯形模糊数法[105]、层次分析法（AHP）[106]、网络层次分析法（ANP）[107] 等；客观赋权法主要有：熵权法[108]、主成分分析法[109]、均方差法[110]、多目标规划法[111]、粗糙集[112-113]、信息粒度法[114-115] 等；集成赋权法主要有：熵值-层次分析法[116]、粗糙集-层次分析法[117]、主成分-层次分析法[118-119]、粗糙集-TOPSIS 法[120] 等。

1.4.3　指标划分等级方法研究现状

通过对指标等级划分的相关文献进行梳理，发现目前常用的指标划分等级方法有两种：正态曲线法和累积频率曲线法。

（1）正态曲线法[121]。该方法是围绕指标的正态分布曲线情况进行等级划分的一种方法。该方法根据所需等级数量，按照事物发生的客观规律设定指标出现在各等级的概率，进而依据各等级的概率将指标的正态分布曲线所覆盖的面积分为特定部分，以此确定每一部分之间的临界值，即各等级之间的分界点。以划分 5 个等级为例，可将指标出现在 5 个等级的概率设定为 0.1、0.2、0.4、0.2、0.1，进而根据指标的正态分布曲线计算各临界点的值，最后划分指标等级。

（2）累积频率曲线法[122]。该方法是一种根据指标数据的累积百分频率进行等级划分的方法。首先将各指标数据值进行无量纲化处理，进而根据累积百分频率，按照一定的百分频率分割方式，确定指标各等级的分界点。当指标等级为 5 级时，按照 85％、60％、40％和 15％的累积百分频率进行划分。

除此之外，指标划分等级方法还有限制内均分法[123]、距离判别分级[124]、箱线图法[125]、聚类分析[126]等。

1.4.4 风险预警模型构建方法研究现状

通过文献梳理，可将风险预警模型构建方法分为评价类方法和预测类方法：

评价类方法可以分为定性评价、半定量评价、定量评价 3 类，其中，定性评价的主要代表方法有：安全检查表法[127]、危险性预先分析[128]、故障假设[129]、危险性和可操作性研究[130]等；半定量评价的主要代表方法有：人因失误及可靠性分析[131]、作业条件危险性评价法（LEC）[132]、故障类型和影响分析[133]等；定量评价的主要代表方法有：道化学指数法[134]、蒙德法[135]、日本六阶段法[136]、事件树法[137]、事故树法[138]、易燃、易爆、有毒重大危险源评价法[139]、模糊综合评价法[140]、云模型[141]、物元可拓模型[142]等。

预测类方法可以分为定性预测、定量预测、定时预测、概率预测四类，其中定性预测的主要代表方法有：直观性预测法、德尔菲法、探索型预测方法、规律性预测方法等[143]；定量预测的主要代表方法有：回归预测法[144-145]、统计预测法[146-147]等；定时预测的主要代表方法是灾变预测法[148]；概率预测的主要代表方法有：概率预测法[149]、趋势外推法[150]、移动平均法[151-152]、指数平滑法[153-154]等。

各类方法的具体介绍见表 1.2～表 1.3。

表 1.2 安全风险预警模型构建方法汇总列表（评价类）

风险预警方法		方法介绍
定性评价	安全检查表法	安全检查表是一份进行安全检查和诊断的清单。内容包括法规、标准、规范和规定，由一些有经验的、并且对工艺过程、机械设备和作业情况熟悉的人员，事先共同对检查对象进行详细分析、充分讨论、列出检查要点并编制表，以便进行检查或评审
	危险性预先分析	在每项生产活动之前，特别是在设计开始阶段，预先对系统中存在的危险类别、危险生产条件、事故后果等粗略地进行分析
	故障假设	该方法是对工艺过程或操作的创造性分析方法。提出问题，回答可能的后果、安全措施、降低或消除危险性的安全措施
	危险性和可操作性研究	有经验的跨专业的专家小组对装置或系统的设计、操作等提出有关安全问题，共同讨论解决问题的方法

表 1.2（续）

风险预警方法		方法介绍
半定量评价	人因失误及可靠性分析	通过分析使系统正常运行所需的人的正确活动的概率，来评估风险的大小
	作业条件危险性评价法（LEC）	通过分析危险事件的可能性、暴露于危险环境的频率以及危险事件可能产生的结果，来评价操作人员在具有潜在危险性环境中作业时的危险性
	故障类型和影响分析	按照实际需要，将系统不断地细分为子系统、子系统细分为系统单元，逐级梳理和归并系统中可能存在的故障类型，最终分析并确定系统单元的各类型故障对其他单元、子系统、整个系统的影响
定量评价	道化学指数法	根据物质、工艺危险性计算火灾爆炸指数，判断采取措施前后的系统整体危险性，由影响范围、单元破坏系数计算系统经济损失
	蒙德法	根据物质、工艺、毒性、布置危险等方面，计算采取措施前后的火灾、爆炸、毒性和整体危险指数，由此评定各类危险性等级
	日本六阶段法	通过检查表定性评价、基准局法定量评价，采取措施，用类比资料复评，1 级危险性装置用 ETA/FTA 等方法再次评价
	事故树法（可定性）	又被称作演绎法，根据客观逻辑对事故及其事件发生的原因进行推理判断，进而计算事故概率
	易燃、易爆、有毒重大危险源评价法	在对大量易燃、易爆、有毒重大事故案例资料统计分析的基础上，从物质及工艺危险性等方面入手，分析事故发生原因及影响
	模糊综合评价法	根据模糊数学的隶属度理论把定性评价转化为定量评价，对多种模糊因素所影响的事物或现象进行总的评价，在安全领域是对系统安全、危害程度等进行定量分析评价
	云模型（可定性）	为了对自然语言中概念的不确定性进行处理，而建立的一种定性概念与定量描述之间的不确定性转换模型
	物元可拓模型	以物元理论和可拓集合论为基础，根据各指标的等级划分区间，建立经典域、节域物元，通过实际数据计算待评物元对评价等级的关联度，以此来确定评价对象的等级

表 1.3　安全风险预警模型构建方法汇总列表（预测类）

风险预警方法		方法介绍
定性预测	直观性预测法	依靠人们的知识、经验和综合分析能力，即人的直观判断能力进行预测的方法，主要是对预测事件未来状态作性质上的论断，而不是考虑其量的变化

表 1.3（续）

风险预警方法		方法介绍
定性预测	德尔菲法	在专家个人和专家会议方法的基础上发展起来的一种新型直观预测方法
	探索型预测方法	从现时与现实的可能出发，从现在推向未来的预测方法。对未来环境不作具体规定，假定事物的未来仍然按照过去的趋向发展，从而可以在现有知识的基础上，探索事物未来发展的可能性
	规律性预测方法	以对象发展的规律性研究作为预测的依据和出发点的一种综合性的预测方法，包括因果变化规律、比例变化规律、相关变化规律、优势变化规律
定量预测	回归预测法	运用事物之间的因果关系，根据自变量的变化，来推测另一个与它有关的因变量的变动方向和程度
	统计预测法	依据统计资料，采用统计方法对事件未来的发展趋势、规模、水平所进行的预测。可以针对具体预测事件未来的数量关系作出科学的描述、估计和判断。可建立趋势模型、季节变动模型、回归模型、经济计量模型、数据挖掘模型等，利用模型进行外推，达到预测目的
定时预测	灾变预测法	以灾变条件的研究为基础，灾变先兆的研究为导向，并参照灾变周期的研究而作出的一种综合判断的方法
概率预测	概率预测法	预测事件可能发生的概率的一种预测方法，分为客观概率预测和主观概率预测两种。客观概率预测是建立在客观试验基础上的一种概率预测；主管概率预测是对某一次试验的特定结果所持的个人信念量度，即用数值表明本人对事件的有利或不利的可能性的一种预测
	趋势外推法	根据事物的历史和现时资料，寻求事物发展变化规律，从而推测出事物未来状态的一种比较常用的预测方法
	移动平均法	算术平滑法，把一个时间序列看成一个随机过程，具有不规则性，受各种因素的影响，通过扩大时间间隔求平均的方法，并顺序移动，得出的平均值数列便可能具有较大的规律性，以此预测下一期的数值
	指数平滑法	指数平滑法是在移动平均法基础上发展起来的一种时间序列分析预测法，是通过计算指数平滑值，配合一定的时间序列预测模型对现象的未来进行预测

1.5 特种设备安全风险研究的新方向

在国外，并没有统一的"特种设备"概念，通常分别以各类设备为研究主体。在特种设备安全监管方面，国外针对不同的设备，有不同的监管部门和监管方法；在特种设备安全风险研究方面，到目前为止国外还尚未形成统一的特种设备风险研究，其研究成果主要针对不同种类的设备风险，例如锅炉、压力容器、压力管道、电梯等。

在我国，自 2003 年颁布了第一版《特种设备安全监察条例》后，我国对特种设备安全监管及风险的研究逐步丰富。研究内容主要侧重两个方面：一是对监管问题分析及建议的研究；二是对基于风险的监管模式的研究，大多数侧重于基层监管机构对特种设备安全的监管。特种设备安全风险研究方面主要包括四个方面的内容：设备固有安全风险研究、生产/使用单位安全风险研究、监管部门安全风险研究、行业整体安全风险研究。其中，设备固有安全风险研究较为丰富，生产/使用单位安全风险研究和监管部门安全风险研究逐渐增多，行业整体安全风险研究才刚刚起步，研究成果较少。

另外，目前国内外风险预警的相关研究方法已经较为成熟，从风险识别方法到风险预警模型构建方法均有丰富的方法支撑。在风险预警研究的过程中，应在明确风险预警对象和风险预警主体的基础上，采用合理的方法分析风险因素，结合风险因素的特点，采用科学、适用的方法构建风险预警模型。

综上所述，目前学术界对特种设备安全监管及风险的研究不断增多，主要针对设备本身和生产/使用单位的风险，为企业对特种设备的安全管理提供了较多的参考依据，也为基层监管机构对生产和使用单位进行监管提供了较多的参考依据。但依然存在以下几个问题和局限性：①特种设备安全风险及安全监管理论仍需完善，区域特种设备安全风险及安全监管缺乏理论依据；②针对区域特种设备安全风险的研究很少，监管机构无法准确掌握和了解各区域特种设备安全风险状况；③缺乏系统地对区域特种设备安全风险要素分析的研究，无法有针对性地从控制风险的角度出发，提升区域特种设备安全水平；④从监管的视角对区域特种设备安全风险的研究更少，不能为区域特种设备安全的监管工作提供相应的策略，该视角下的监管体制改革也缺乏理论依据。

因此，特种设备安全监管及风险的研究还有继续深入的可能性和必要性。通过分析基于监管视角的区域特种设备安全风险要素，采用合理的方法构建风险预警模型并进行实证研究，可为区域特种设备安全的监管工作提供理论及方法参考，具有较为深远的意义，是特种设备安全风险研究的一个新方向。其主要意义体现在以下几点：

（1）进一步完善特种设备安全风险理论研究

随着特种设备安全问题日渐突显，社会公众对其关注度不断增高，学术界对特种设备安全风险的理论研究也逐步增多，但仍需不断地深入地完善。现有研究大部分针对特种设备本身、特种设备生产、使用单位以及监管机构等风险研究，对行业或区域特种设备安全风险的研究较少，从政府监管的视角出发，探索区域特种设备安全风险的理论研究更是几乎没有。因此，基于监管视角的区域特种设备安全风险的提出，可以开拓特种设备安全风险理论研究的新视角，有助于丰富和完善特种设备安全风险理论。

（2）进一步完善特种设备安全监管理论研究

随着基于风险的监管理论（RBS）的广泛应用，特种设备安全监管的理论研究也在不地发展和完善。但是，现有研究大部分针对基层监管机构对特种设备及其生产、使用单位的监管，省级及以上监管机构对其所辖区域特种设备安全进行监管的研究较少。几乎没有省级及以上监管机构应关注的风险研究，以及应用 RBS 理论进行区域特种设备安全监管的研究。因此，基于监管视角的区域特种设备安全风险预警研究，可以拓宽特种设备安全监管理论研究的新领域，有助于丰富和完善特种设备安全监管理论。

（3）为相关领域安全风险监管提供理论借鉴

基于监管视角的区域特种设备安全风险及预警研究开拓了新的研究思路和研究方向。对于省级及以上各领域安全监管机构而言，其监管资源有限，不可能面面俱到、事无巨细，需要关注重点内容并进行监管，故而对掌握区域内各领域安全状况的需求不断增高。因此，从监管的视角出发，以区域整体状况为对象的理论研究也逐渐产生了较强的推广意义，可以拓展到其他相关领域，例如，区域食品安全、区域道路交通安全、区域公共安全、区域生态安全等，可为相关领域的安全风险监管提供理论借鉴。

（4）进一步完善特种设备安全信息统计目录

大数据的快速发展对于特种设备安全监管而言，是一个改革和发展的机遇。与此同时，社会公众对特种设备安全相关的信息公开要求也在不断提升，因此，原国家质检总局特种设备安全监察局逐渐开始重视特种设备安全信息基础数据的上报和统计工作。通过基于监管视角的区域特种设备安全风险要素研究可以提出贴合实际的安全信息统计数据需求，为特种设备安全监察局进一步完善和优化特种设备安全信息统计目录提供参考依据。

（5）掌握我国各区域特种设备安全风险等级

国家和省级监管机构负责所辖区域的特种设备安全的监管工作，并肩负对下级监管机构的业务指导，了解和掌握所辖各区域特种设备安全风险等级是其开展安全监管和业务指导工作的基础。特种设备安全监察局可以根据各省级行政区域的特种设备安全风险等级对各省特种设备安全监察处进行业务指导；而各省特种设备安全监察处可以根据所辖区域特种设备安全风险等级有针对性地开展安全监管工作。因此，基于监管视角的区域特种设备安全风险预警研究，可以为掌握我国各区域特种设备安全风险等级提供方法和手段。

（6）指导特种设备安全监管策略和改革方向

基于监管视角的区域特种设备安全风险是一个系统性安全风险，涉及区域内所有影响特种设备安全的利益相关方，包括特种设备安全监管机构。因此，在研究的过程中，会对特种设备安全监管的关键要素和问题进行分析，从而为提升特种设备安全监管的水平，促进特种设备安全监管体制制度的改革提供依据。与此同时，基于监管视角的区域特种设备安全风险预警实证研究结果为监管机构提供了监管的重点和方向，可以有效推动区域特种设备安全分级监管的实施。

（7）促进我国区域特种设备安全水平的提升

提升区域特种设备安全水平需要从根源出发，找到影响区域特种设备安全的关键问题和要素。通过对基于监管视角的区域特种设备安全风险要素分析，可以挖掘出提升我国各区域特种设备安全水平的关键要素；以 31 个省级行政区域为样本，通过对区域特种设备安全风险预警进行实证研究，可以发现我国各省级行政区域特种设备安全存在的相关问题。以此可以有针对性地提出促进区域特种设备安全水平提升的宏观策略以及改善我国各省级行政区域特种设备安全水平的具体对策和建议。

第2章　理论基础及理论研究框架

本章从安全监管理论、区域科学与系统科学理论、风险及风险管理理论三个方面对相关基础理论进行了梳理和分析，进而界定了基于监管视角的区域特种设备安全风险，提出了理论研究的框架，为后续的研究奠定了基础。

2.1　安全监管理论

2.1.1　安全的概念

安全问题是一个古老的话题，在我国古代汉字中，"安"字在许多场合下表达了现代人们通常理解"安全"的意义。例如：《周易·系辞下》中的"是故君子安而不忘危，存而不忘亡，治而不忘乱，是以身安而国家可保也"、《国策·齐策六》中的"今国已定，而社稷已安矣"。

伴随着人们对"安全"认识的不断深入，"安全"的概念也在不断地发展和完善。但是，由于"安全"所涉及的领域繁多，从不同的视角出发，其定义也存在差异。经过安全学科多年的发展，在对"安全"的不断探索下，国内外学者及机构对"安全"给出了许多定义。通过梳理和总结，本书将现有的"安全"定义概括为以下几种：

（1）以不安全事件的影响结果来定义安全。例如：安全是指没有引起人员伤亡、财产损失、设备失效损坏或环境污染的条件[155]。此类定义仅仅体现了不安全事件的结果，并没有从安全的本质出发讨论其内涵。

（2）以安全的对立面或反义词进行定义。例如：《新华字典》将安全定义为没有危险、不受威胁、不出事故[156]。此类定义从某种角度讲并没有实现实质性的解释，仅起到了便于理解的作用。

（3）从特定领域的视角对安全进行定义。例如：安全是指生产系统中人员免遭不可承受危险的伤害、没有危险、不出事故、不造成人员伤亡和财产损失的状态[157]。此类定义的针对性较强，具有局限性，不适合推广。

（4）借助其他定义来描述安全的概念。例如：国际民航组织对安全的定义为：安全是一种状态，即通过持续的危险识别和风险管理过程，将人员伤害或财产损失的风险降低至并保持在可接受的水平或其以下[158]。此类定义的理解需建立在对相关概念的认识上，直观理解性较差。

1992 年，我国安全科学的奠基人之一刘潜老师在《从劳动保护工作到安全科学》中对"安全"进行定义："安全是人的身心免受外界不利因素影响的存在状态（包括健康状况）及其保障条件。换句话说，人的身心安全状态及其保障的安全条件（含健康）构成安全的整体"[159]；2011 年，中南大学的吴超教授在《安全科学方法学》中对刘潜前辈的定义进行了修改，认为"安全是在一定时空里理性人的身心免受外界因素不利影响或危害的存在状态"[160]。这两个定义都避免了上述四种方式的劣势，从安全本质出发，强调以人为中心的理念，进行了客观的阐述和界定。

从科学性、全面性的视角出发，根据我国安全科学领域专家给出的"安全"定义，在以人为中心的理念下，考虑系统的思想，对安全定义进行发展和延伸。安全是从不同类别理性人的视角出发，在一定时空里自身状态或所关注对象状态免受不利因素影响或危害的存在状态及其保障条件。

该定义中，强调了两个重要内容。一是不同类别理性人的视角。经济学假设的理性人，是能够合理利用自己的有限资源为自己取得最大的效用、利润或社会效益的个人、企业、社会团体和政府机构。由于不同类别理性人关注的安全内容可能存在偏差，对安全状态的接受程度不同，因此不同类别理性人对安全的理解有所不同，例如基于监管视角的安全，主要强调政府视角下的安全状态；二是自身状态或所关注对象状态。安全是一种免受不利因素或危害的状态，其状态的主体不一定是理性人自身，也可能是理性人所关注或研究的对象，例如区域特种设备安全，其状态的主体是指与特种设备相关的整个区域利益相关方组成的系统。

由于人们对自身安全和所关注对象安全的认识和要求在不断变化和提高，安全的概念呈现出开放性的特点，随着安全涉及领域的不断拓宽、研究的不断深入，对安全的定义也会不断地更新和完善。

2.1.2　安全规制理论

1. 规制与社会规制

"规制"一词最早出现在西方发达国家的经济学研究领域，英文为 regulation。最初主要指政府依据一定的规则，对微观经济主体行为实施的一种干预行为。随着经济的发展，政府宏观调控手段的出现，规制逐渐发展到宏观经济学领域，与此同时，社会中大量的环境、质量、安全等问题不断出现，公众对其他领域的关注度不断增高，对政府控制的需求不断增大，故社会性规制也随即出现。

广义上讲，"规制"是指对客体行为的控制和干预行为，行政法学者塞尔兹尼克将"规制"定义为：一个公共机构针对具有社会价值的活动进行的持续、集中的控制。在此基础上，综合"规制"涉及的所有领域，考虑规制的主体、客体和手段，本书将"规制"一词概述为：以实现公共利益最大化为目的，规制主体（特定行政机构）依据其制定的相应法规制度，对被规制客体（具有市场及社会价值的对象）进行直接或间接的经济、社会干预或控制行为。

社会性规制侧重于政府对具有市场及社会价值的对象的干预，关注社会活动和市场过程中由于自然环境破坏、不合理交易或生产使用过程以及其他不良行为导致的不安全、不健康现象及其后果，即危害和风险。很多学者对社会性规制作出了自己的定义，如日本学者植草益认为："社会性规制是以确保国民生命安全、防止灾害、防止公害和保护环境为目的的规制"[161]；维斯库斯在《反垄断与管制经济学（第四版）》（2010 年译版）中指出，"经济规制和社会规制之间的界限不是很明确，因此我们应使用健康规制、安全规制、环境规制等特定的名词来定义这些社会形式的规制"，同时提出，"健康、安全与环境这三个方面的规制是针对环境、工作场所和消费产品的风险而制定的，是通过直接的政府管制而实施的"[162]。

通过更为深入的学习和研究，本书认为社会性规制和经济性规制的主要区别在于其规制目的和对象的不同，虽然在社会性规制中会采用经济规制的一些手段，例如价格和进入规制，但其目的是为了实现健康、安全、环境等，其对象更偏向于一些具有社会价值的群体。因此，本书将社会性规制定义为：以避免不安全、不健康、环境破坏等危害和风险为目的，规制主体（特定行政机构）依据其制定的相应法规制度，对被规制客体（具有社会价值的对象）进行直接或间接的经济或社会干预或控制行为。

2. 安全规制的内涵

"规制"一词按研究领域可以分为经济性规制和社会性规制两种。安全规制从其目的和对象来看，是一种典型的社会性规制。现阶段我国学术界对安全规制的界定并没有形成统一的具有普遍意义的概念，其原因可能是在安全领域，更多涉及的学术名称为安全监管，而安全监管从管理的角度对体制研究居多，未能将其与经济学理论相结合，并没有形成真正意义上的安全监管理论，对安全规制的定义也多针对具体行业而言。

近年来，学者们对安全规制的研究主要集中在食品安全和煤矿安全领域，因此在这两个领域内对安全规制的定义较多。例如，Hensons 和 Northern 认为食品安全规制是包括消费者、食品生产企业、规制机构等在内的多个利益主体相互博弈的过程[163]；徐婧认为食品安全规制是指为保障食品的安全，克服市场机制失灵的缺陷，政府及有关规制部门运用法律赋予的权力和强制手段，对食品安全问题进行调查、管理、监督、处罚等[164]；张肇中等将食品安全规制定义为：政府或公共部门以确保食品处于质量合格的安全状态和消费者生命健康为目的，依照法律规定和授权，通过制定规章制度、设定行业准入等行政审批制度、制定食品安全标准等一系列手段，对初级农产品生产以及食品的生产、加工、流通和消费等环节的企业行为进行控制[165]；肖兴志[166]、贾玉玺[167]将煤矿安全规制定义为：

政府为了保障煤矿工人在劳动过程中的安全和健康，在法律、技术、组织制度和教育培训方面采取的各种措施。

基于社会规制的定义，根据上述学者的界定，本书将安全规制的内涵概述为：以保障特定对象的安全为目的，由规制主体（特定行政机构）依据其制定的相应法规制度，对被规制客体（与安全问题相关的利益相关方）进行直接或间接的经济或社会干预或控制行为。安全规制主要包括三个要素：安全规制的主体、安全规制的客体和安全规制的机制（手段）。

3. 安全规制的理论依据

在市场经济条件下，为解决市场失灵问题，出现了经济性规制，同样在安全领域，规制的出现也是因为市场失灵的存在。政府作为公共利益的维护者，当出现市场失灵现象损害了公共的安全利益时，自然会做出反应，这就出现了安全规制的行为。目前，安全领域的市场失灵主要涉及以下三种类型：

（1）外部性导致的市场失灵。安全领域的外部性是指在安全系统的利益相关方之间，一个利益相关主体活动或行为对其他利益相关方产生影响，而该利益相关方并没有因为这个影响从其他利益相关方获得报酬或向其他利益相关方支付赔偿。其中，当表现为报酬时，呈现正外部性；表现为赔偿时，呈现负外部性。负外部性在安全领域显著存在，例如企业为了降低自身生产成本，使用非正规渠道的设备，未进行使用登记，存在巨大的安全隐患和危害，对员工和社会而言都是潜在威胁，一旦发生事故会产生大量的成本。由于负外部性的存在，市场机制本身又不能很好地解决个人利益和社会利益的对立问题，因此需要政府的安全规制手段进行控制和约束，从而消除负外部性。

（2）信息不对称性导致的市场失灵。安全领域的信息不对称性也普遍存在，在特定的安全系统中，各利益相关方在进行特定的交易活动时，信息的拥有是不对称的。生产企业与使用企业之间，生产、使用企业内部、企业与监管单位等都可能存在信息不对称性。以生产企业与使用企业为例，生产单位未将设备的相关档案资料随设备一同交易给使用单位，导致使用单位在操作过程中存在安全隐患，事故发生的概率加大。由于信息不对称性的存在，很有可能导致道德风险的发生，因此需要政府进行安全规制，尽可能地实现信息的共享和透明。

（3）公共物品属性导致的市场失灵。安全规制是政府为了满足社会公众生活的安全需要而提供的公共服务，私人无法独立参与和完成。这与公共物品的定义（高鸿业《现代西方经济》）相对应，显然安全规制具有公共物品属性。

鉴于上述三个市场失灵类型，为了保障和实现社会公众的公共安全，政府应该进行安全规制。

2.2 区域科学与系统科学理论

2.2.1 区域科学理论

1. 区域科学的概念

区域可以是任何一个、任何大小的完整的统计单元的范围，通常情况下是地方或地区的泛指。本质上讲，区域就是一种地理空间分化的结果，在结构上具有一致性或整体性，而不是如环境按照单元关联性分化出来的。该结构类型包括资源结构、环境结构、空间结构、城乡结构、行政结构、文化结构、地缘结构、经济圈等。

区域科学出现于 20 世纪 40 年代末，1954 年，美国区域科学协会的成立标志着区域科学正式成为一门新的研究学科。区域科学的奠基人艾萨德（Walter Isard）认为区域科学作为一门学科，所关心的是采用各类分析性研究和经验式研究相结合的方法对区域内或空间范围内的社会问题进行深入的研究[168]；杨吾扬认为区域科学的主旨是解决特定区域出现的各种问题[169]。结合两个学者的理解，本书将区域科学定义为：将区域作为一个有机整体进行研究的科学，旨在研究特定区域的社会、经济等相关问题，着重揭示社会、经济等状况或活动的空间分布、区域矛盾和区域分布规律。

本书在研究过程中主要按照省级行政区域的划分对区域内的特种设备安全问题进行研究，在后续的分析中也运用了四大经济区的概念。下面分别对这两种区域的划分进行解释。

省级行政区又称省，是我国最高级别的行政区，包括省、自治区、直辖市和特别行政区。目前，我国省级行政区域包括 23 个省、4 个直辖市、5 个自治区和 2 个特别行政区，受限于数据统计问题，本书实证研究的对象是除了中国台湾和中国香港、中国澳门两个特别行政区外的其他 31 个省级行政区域。

2011 年 6 月 13 日，国家统计局将我国经济区域按照东部、中部、西部和东北部划分为四大经济区。四大经济区的划分是科学反映我国不同地区的社会经济发展状况，探索不同区域内社会经济协同发展的关键要素，为有效对比不同区域间差异等区域社会经济发展研究问题提供依据。根据划分办法，东部地区包括：北京市、天津市、河北省、上海市、江苏省、浙江省、福建省、山东省、广东省、海南省；中部地区包括：山西省、安徽省、江西省、河南省、湖北省、湖南省；西部地区包括：内蒙古自治区、广西壮族自治区、重庆市、四川省、贵州省、云南省、西藏自治区、陕西省、甘肃省、青海省、宁夏回族自治区、新疆维吾尔自治区；东北地区包括：辽宁省、吉林省、黑龙江省。

2. 区域科学研究领域

区域科学研究领域主要涉及地理学、经济学、社会学、政治学、生物学等学科，分析方法结合了管理学、经济学、社会科学等理论分析方法，但主要还是以经济学的理论方法为主，研究内容也是以经济发展的问题为重点。随着社会的不断发展，区域科学研究的重要性不断突现，人口、资源、生态环境、各行业安全等区域问题越来越受到学者的重视，以区域为对象的研究领域不断丰富，研究方法也慢慢地扩大、细化到人口学、资源科学、环境科学、安全科学等诸多理论。

以本研究所属的安全科学领域为例。目前，区域科学研究涉及安全科学领域的研究主要可以分为两大类：一是区域政治安全，是以国家为区域的国际关系安全、合作安全、政治安全[170]；二是区域内特定行业或领域的安全，是在一定的区域内，特定行业或领域的安全状况，如区域生态安全[171]、区域能源安全[172]、区域粮食安全[173]、区域食品安全[174]、区域道路交通安全[175]、区域公共安全[176]等。

特种设备在社会经济发展中扮演着重要角色，一方面既是民生保障的重要基础设施；另一方面又是经济建设的重要基础设备。但其具有较大的危险性，涉及人们的生命、健康与财产安全。因此，特种设备安全被纳入了我国国家公共安全。目前，我国各地区的特种设备数量和规模分布情况并不均衡，有些地区的数量和规模很大，而社会发展相对落后的部分地区数量和规模相对较小，涉及特种设备安全的相关要素状态在各地区的情况也不相同。因此，以区域为研究对象，分析区域内的特种设备安全问题具有较大的意义，一方面可以全面探索区域内影响特种设备安全的因素，扩展特种设备安全科学研究的内容；另一方面可以通过区域特种设备安全研究，使得国家政府更加清晰地把握监管的重点区域，指导区域特种设备安全风险管理及安全监管的方向、策略和措施。

3. 区域科学研究的特点

通过对区域科学研究内容、研究方法及其他相关成果的梳理。可以看出，在区域的安全科学研究过程中，无论是区域政治安全还是区域内特定行业或领域的安全，通常都被当作一个系统来进行研究，所涉及的安全要素较多，具有整体性、关联性、开放性和动态性的特征。

区域科学理论的奠基人艾萨德在定义区域科学的概念时，常常是将区域和区域系统视为一种概念，一早提出"区域科学家心目中的区域或区域系统，就是包括着无数形形色色的政治的、经济的、社会的和文化的行为单位在内的活生生的有机体"。因此，本书认为在研究区域科学的相关问题时，可以将"区域"的概念归结于"区域系统"，并按照系统的基本属性和特征进行研究。

2.2.2　系统科学理论

1. 系统的概念

古希腊语中最早出现"系统"的概念，认为系统是由共性部分组成的整体。随着多年的发展，"系统"一词已成为科学研究中的关键性概念，涉及领域广泛，几乎涵盖了自然科学与社会科学的所有研究领域。虽然系统的概念和思想在古代就有一定的论述，但真正成为系统理论，提出规范性的定义，是在 20 世纪 20 年代初，由美籍奥地利的理论生物学家贝塔朗菲提出。贝塔朗菲将系统定义为处于一定的相互关系并与环境发生关系的各组成部分要素的总体[177]，若由两个或两个以上可以区分的对象组成一个对象集合，且所有的对象之间具有特定的相互关系，则称该集合为一个系统，集合中所包含的对象可以称作系统的组成部分，将组成部分进一步细分，直到不能再细化为止，最小的组成部分称为系统的元素。

根据贝塔朗菲所提出的定义，通俗地讲，系统就是由若干个（两个或两个以上）相互作用、相互依存的要素结合而成的，在特定外部环境下，具有特定结构、特定功能的综合体，具有整体性、开放性、关联性、层次性、有序性等特点。该定义中主要呈现了四个要点：一是系统中至少存在两个要素，这些要素可以是元素，也可以是系统的组成部分（子系统），要素与系统之间其实是相对的概念，取决于具体研究的对象和范围；二是每个系统都属于一个特定的外部环境下，这个外部环境也是一种系统，称为超系统。系统与外部环境或超系统之间存在密切的联系，两者共同形成系统总体；三是系统中的要素之间存在一定的相互关系，这样的关系形成了系统结构，系统结构不仅体现了要素之间的相互关联，还能体现出其关联方式；四是每个系统都具有其存在的作用和意义，均具有特定的目标和功能，系统的功能往往受到外部环境和系统结构变化的影响。

2. 一般系统理论

一般系统理论[178]的主要内容与系统所具备的特点相对应，主要包括系统的整体性、开放性、关联性、层次性、有序性。

整体性。系统是由多个要素组成的综合体，要素与系统之间密不可分，各要素在系统中处于特定的位置，发挥特定的作用。各要素功能的汇总并不一定就是系统整体的功能，但系统功能的实现依赖于要素功能，如果将系统中一个要素剔除出来，要素将失去其特有的作用，同样系统也会因此瘫痪。

开放性。一般系统理论认为系统具有开放性，系统及其要素稳定运行或保持活动状态的必要条件是处于一个特定的外部环境中，系统与外部环境相互作用和关联，通过不断地交互信息、能量和物质，从而实现系统功能，并促使其达到一种相对稳定的状态。

关联性。系统的关联性不仅体现在系统与外部环境的信息、能量和物质传递，更体现在系统内部要素之间以及系统要素与系统之间的关联性。系统内部要素之间相互影响、相互作用、相互关联，共同组合形成系统，要素与系统之间有着密不可分的联系。

层次性。系统往往具有较复杂的内部结构，通常情况下具有层次之分，系统可以划分为子系统、子系统可以划分为组成部分，组成部分可以划分为元素，低层要素是上一层要素的基础，系统层次越多，系统的复杂程度越高，但有序性越强，系统层次之间也存在相互作用和相互关联。

有序性。有序性通常是指系统结构的有序性和系统发展的有序性。系统结构的有序性体现了系统内在结构的合理性，有助于系统整体功能的发挥；系统发展的有序性更多指的是系统在动态变化过程中的有序性，不仅体现了系统具有不断变化的特征，还体现了系统在环境中所处的位置和变动趋势。

系统分析的基本思想就是依据上述基本理论观点，将研究对象视为一个系统，对系统所处的外部环境、系统内部要素及结构关系、系统的功能进行分析，并以优化系统结构和功能为目的，开展延伸性研究。

3. 系统评价理论

系统评价旨在为科学决策提供依据，是以系统分析的核心思想为基础，将某项复杂的社会或经济问题视为一个有机整体，借助各类研究方法，分析系统的目标、环境、输入输出、结构、功能等要素，以此构建评价指标体系，设计评价标准，运用数学模型构建多维度、多层次的评价模型，采集相关数据，对研究对象进行综合评价的过程。

通常情况下，一个系统很难被直接进行评价，其所涉及的要素较多、结构较为复杂，需要拆分为包含多个维度、多个层次、多个要素、多个指标的指标体系进行分析和评价。在系统评价的过程中，反映系统整体状态的要素指标具有多样性，受限于数据量和实际需求，指标体系中一般既包含定性描述指标也包括定量分析指标。系统的内部要素之间相互关联、相互影响，系统所在外部环境也不断变化，故而系统具有一定的动态性，在系统评价中不确定性分析也显得尤其重要。除此之外，评价主体在对系统进行评价的过程中具有一定的主观性，这种主观性体现了评价主体的经验、价值观和实际需求，一定程度上防止了评价结果的失效，但为了避免主观性的过度影响，系统评价在设立评价尺度和标准时应将其与客观情况相结合。

随着系统评价理论和方法在实践中的不断应用和扩展，其研究对象逐渐从简单到复杂，研究方法逐渐从单一到多样，涉及领域逐渐丰富，已经成为一种常用的决策及优化方法。目前，安全科学领域中有很多需要应用系统评价方法协助决策的现实问题，安全风险预警就是其中一种，并且由此形成了一类以评价方法为核心的风险预警模型构建方法。

2.3　风险及风险管理理论

2.3.1　风险的概念

"风险"一词最早出现在 14 世纪的西班牙等航海国家。由于当时的海上航行技术和气象预测技术与海上多变的气候条件不适应，无法满足出海人员的安全需求，海难等事故频发，人员伤亡，财产损失严重。但是，航海贸易巨大利润的驱动，使得人们保持航行的热度，为了降低这种事故损失，最终出现了海运保险公司，通过保险的方式来分担和规避可能发生的风险。

（美）威廉斯在《风险管理与保险》一书中认为，风险是"在给定条件和特定时间内，那些可能发生的结果之间的差异，而且差异越大，风险越大；差异越小，风险越小"[179]。通俗地说，风险是指各种不利因素共同导致的研究对象实际绩效与预期绩效的负向偏差①。

因此，最初的风险研究领域主要集中在保险行业，随着社会经济的发展，安全科学、环境科学等学科的出现，使得风险涉及的领域和风险类型逐渐呈现多元化。目前，风险应用领域主要有四个：经济学领域、环境学领域、安全学领域、社会学领域。经济学领域中的风险主要研究的是，各个经济实体在从事正常的经济活动时，由于存在着不确定的经济前景，其有可能会遭受经济损失[180]；环境学领域中的风险指的是，由大自然本身和人类活动引起的，通过环境介质传播，对人类社会及自然环境产生破坏、损害乃至毁灭性作用等不良事件发生的概率及其后果[181]；安全学领域中的风险主要研究的是，不安全事件或事故发生的概率及其导致的人员伤亡、财产损失等影响程度的大小[182]。社会学领域中的风险主要研究的是，影响到社会和谐和稳定，进而导致社会冲突的可能性和危害的事件，侧重对社会活动中的不安全不和谐事件的研究。

风险在各个研究领域有着不同的界定，即使所在领域相同，研究视角的不一致性也会使得选用的风险理论有所不同。目前对风险理论的研究成果有很多，基于本书研究的视角和对象，从安全学领域和社会学领域两个方面，分别对系统性安全风险和规制理论下的风险进行重点介绍。

1. 系统性安全风险

系统性风险起源于经济与金融领域，是一个复杂的系统性问题，主要指金融市场受外部因素或内部因素的影响，而出现的市场波动、瘫痪等危机，使得市场中的金融机构受到牵连，整个市场都受到经济损失的可能性。目前，系统性风险的定义存在如下几种论述：

一是强调系统性风险具有传染性。Hart 和 Zingales 将系统性风险定义为：在金融体系中，导致一个金融机构倒闭传染到多个金融机构，不断蔓延到一个市场和多个市场，造成经济损失在金融体系中不断扩大，冲击实体经济的风险[183]；二是强调造成危害范围的大小。欧洲央行（ECB，2009）认为，系统性风险是导致金融体系不稳定因素增加、脆弱性增大、运行趋于困难，造成金融体系经济损失巨大的风险；认为系统性风险是威胁整个金融体系以及宏观经济的不良事件[184]；三是强调对实体经济的影响。2010 年，20 国集团（G20）财长和央行行长报告中将系统性风险定义为"可能对实体经济造成严重负面影响的金融服务流程受损或破坏的风险"；四是强调风险监管的必要性。2009 金融稳定委员会（FSB）认为金融体系系统性风险是由经济周期、宏观经济政策的变动、外部金融冲击等

---

① 特别说明，本书以该风险定义为基础，对各研究领域内的风险概念进行延伸与拓展。

风险因素引起的金融体系发生巨大波动的可能性，这种风险对金融体系和实体经济都会造成巨大的负外部性效应，不能单纯地通过风险管理的手段进行控制，必须开展行之有效的监管工作，以此削弱或消除风险[185]。

从上述论述可以归纳出系统性风险定义的四点核心内容：一是系统性风险涵盖了金融体系中各组成部分和各金融机构的风险，不特指单个金融机构；二是系统性风险发生时，会影响金融体系内其他机构或市场的连锁反应，具有明显的外部性；三是系统性风险的发生会影响实体经济，对其造成较大破坏，具有溢出与传染效应；四是系统性风险有必要通过监管的手段进行控制，传统的风险管理无法有效的遏制风险。

在安全科学领域，系统安全的概念出现的比较早，是指在系统的全生命周期各环节及各子系统，运用一定的保障手段和方法获得的安全形态，用于表征系统安全性的特定性能。随着系统科学与系统性风险理论的发展，系统安全风险的概念逐步出现在安全科学领域，例如马谦杰在《煤炭生产事故的系统风险理论分析》一文中提出的系统风险理论，认为安全事故的发生并不是孤立、偶然的，其原因具有系统性，影响安全的因素也具有系统层次性，在对安全事故发生的原因进行分析时，应全面考虑其整体性、关联性和演化性等，更加准确地认识安全风险因素，掌握其作用机理。系统风险理论从系统思想出发，将风险定义为在以特定利益为目标的行动过程中，与初衷利益相悖的可能或潜在损失所导致的对行动主体造成危害的一种事态或局面[186]。

目前，系统性安全风险的定义尚未明确，参考上述金融体系系统性风险的定义及其特点，将系统性风险的概念引入安全科学领域。结合安全科学领域的相关概念，根据系统的整体性、关联性、开放性和动态性等特点，考虑客观条件的不确定性对系统安全的影响，将系统安全风险概述为：以安全为目标的行动过程中，由于客观条件的不确定性和系统各要素状态与目标利益相悖而引起的实际绩效与预期绩效之间的负向偏差。这种负向偏差发生的程度不仅取决于系统各要素不安全状态发生的概率，而且还取决于各种不利因素发生之后，给系统所带来的负面偏差的大小。

2. 规制理论下的风险

规制理论下的风险，就是在规制理论的基础上提出的风险概念。"风险"一词最早提出是为了将其作为控制对象进行防范，以此降低不利因素带来的负面影响，这与规制者处理经济和社会问题的思路不谋而合。因此，随着规制理论的发展和规制手段的增多，"风险"也逐渐成为了一种规制者对经济和社会干预的特殊技术手段[187]。

一方面，正如艾瓦尔德所说，"没有什么事物本身就是风险，实中不存在风险。另一方面，任何事物都能成为风险。一切都取决于人们如何分析危险，思考事件"[188]，规制理论下的风险是一种政府视角下强建构主义的风险。规制视角下的风险并不是把所有的风险都纳入规制的范畴，所关注的是能够体现危险状态并可以被规制者所控制和干预的群体，并不是关注个体的危险和危险的本身。例如，政府对取得许可资质未满 1 年的生产单位进行重点的日常监督检查，并不是因为所有的资质未满 1 年的生产单位都存在安全隐患，是因为在规制的视角下，个体不再作为一个单独的整体，而是将同类型的个体组合成一个新的整体进行规制，资质未满 1 年的生产单位群体的潜在风险更大，故而重点进行监督检查。所以规制所着眼的对象是一个群体，而不是个体，其所考虑的风险是一个群体的状态。

根据上述基础理论，本书将规制视角下的风险定义为：在特定利益目标下，规制主体能够通过规制手段进行控制和干预的群体状态与目标利益相悖而引起的实际绩效与预期绩效之间的负向偏差。规制视角下的风险因素并不关注微观层面上不安全事件或事故发生的直接原因，更多地关注宏观层面可以反映或衡量不安全事件发生概率和事件影响程度的因素。

2.3.2　风险管理理论

本书研究的风险管理，主要面向安全领域。风险管理是指：为了避免不安全事件的发生，降低不安全事件的危害，管理主体有效组织和利用各种资源，借助各种管理手段，实现安全目标的过程。风险管理是管理手段和管理方法的有机集成体，包括三个主要内容：

1. 风险分析

风险分析是风险管理的基础。风险分析是深入发掘研究对象不安全事件发生的原因，全面识别研究对象的潜在风险因素，系统分析风险因素与不安全事件（发生概率、事后影响）之间关系的过程。由此可见，主要目的有三个：事故原因分析、风险因素识别、形成机理分析。

风险分析的方法有很多，可以归纳、划分为定性分析方法和定量分析方法两大类。定性分析方法包括：专家经验法（包括头脑风暴和德尔菲法）、文献分析法、事故案例分析方法、规范反馈分析方法、质性研究方法（扎根理论）；定量分析方法包括：事故统计数据分析、数据挖掘的方法、复杂网络分析、结构方程模型分析（SEM）等。

风险分析方法的选择，应根据实际需要和研究目的，结合研究对象的实际条件和状况，选择科学适合的方法。随着两类方法的不断发展，成熟的技术和创新的思想，使得定性分析与定量分析方法相结合的研究方法逐渐成为发展趋势，本书根据实际需要，考虑便利性和科学性，采取了"扎根理论＋结构方程模型"的方法对风险进行深入的分析。

2. 风险评价

风险评价是风险管理的关键环节。风险评价是以风险分析的结果为基础，考虑各风险因素与不安全事件之间的作用关系，结合风险可接受准则，运用定量和定性相结合的方法，对风险的容忍程度做出判断的过程。

风险评价方法可以划分为：定性评价方法、半定量评价方法、定量评价方法。定性评价方法主要是根据经验和判断对各风险的状态进行定性评价，例如事故树分析、事件树分析、失效模式和后果分析等；半定量评价方法同样建立在经验和判断的基础上，通过合理打分量化风险因素的状态，从而进行评价，例如打分的安全检查表法、概率风险评价方法和综合评价方法等；定量评价方法是通过对各关键风险指标与事故状态关系进行分析得到一定的规律，以此设计出相应算法，从而直接计算风险确定数值的方法，现在比较多的有神经网络、支持向量机等数据挖掘方法。

定性评价方法对经验和判断的依赖性比较大，具有较强的主观性；定量评价方法虽具有较好的客观性，但对数据准确性的依赖性较强。本研究涉及的风险因素较多，指标体系相对复杂，个别指标量化困难，需要通过打分进行量化，因此结合研究的需要，采用云模型的方法来进行风险评价。

3. 风险预警及控制

风险控制是风险管理落实的体现。风险控制是在风险评价的基础上，根据风险的大小对不安全事件的影响因素实施控制策略，降低其导致不安全事件发生的概率和不安全事件发生的影响程度的过程。

风险控制主要包括两类控制，预防型控制和缓解型控制。预防型控制是指在不安全事件发生前，对那些可能导致不安全事件发生的因素采取措施，进行干预和控制，以达到降低不安全事件发生概率的目的；缓解型控制是指在不安全事件发生后，对那些可能影响不安全事件后果严重性的因素采取措施，进行干预和控制，以达到减少不安全事件损失的目的。

风险预警是实现预防型控制的一种典型手段，是根据风险评价的结果，对风险大小进行等级划分，从而对风险主体进行预防和分级控制的过程。风险预警应遵循及时性、全面性、高效性和客观性等基本原则。在风险预警过程中，风险预警等级的划分是十分关键的环节，通常可根据实际需要划分为五级、四级、三级等。风险预警可以有效帮助安全管理主体辨识重点管理对象，有针对性地采取预防措施，减少事故的发生。

2.4　基于监管视角的区域特种设备安全风险预警理论研究框架

2.4.1　基于监管视角的区域特种设备安全风险定义及特征

1. 基于监管视角的区域特种设备安全风险的定义

基于监管视角的区域特种设备安全风险，是系统性安全风险和规制理论下的风险相结合的产物，主要侧重的是在政府的监管视角下，整个行业或某个区域特种设备的系统性安全风险。根据基础理论的梳理与延伸，运用上述两个风险理论对其概念进行如下解析。

首先，区域特种设备安全风险是区域科学研究对象的一种，根据区域科学研究对象具有系统性的特点，可以按照系统的思想进行研究和分析。因此，区域特种设备安全风险是一种系统性安全风险，涉及客观条件和整个行业或某个区域内与特种设备安全相关的所有系统要素。根据本章2.3.1中系统性安全风险的定义，将其定义为：以区域特种设备安全为目标的行动过程中，由于客观条件的不确定性和系统各要素状态与目标利益相悖而引起的实际绩效与预期绩效之间的负向偏差；其次，基于监管视角的安全风险，指的就是在规制理论下的安全风险，其关注的重点在于哪些能够体现危险状态，并可以被政府所控制和干预的群体状态。根据本章2.3.1中规制理论下的风险概念，将基于监管视角的安全风险定义为：在安全的目标下，监管机构能够通过规制手段进行控制和干预的群体状态与目标利益相悖而引起的实际绩效与预期绩效之间的负向偏差。

由此可见，系统性安全风险明确了基于监管视角的区域特种设备安全风险研究的范围，而规制理论下的风险则明确了风险研究的层次与深度。基于监管视角的区域特种设备安全风险概念的理论依据如图2.1所示。

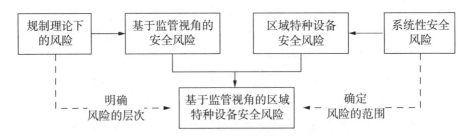

图 2.1　基于监管视角的区域特种设备安全风险概念的理论依据

综合以上两个角度的分析，本书将基于监管视角的区域特种设备安全风险定义为：以区域特种设备安全为目标的行动过程中，由于客观条件的不确定性和系统各要素的状态与目标利益相悖而引起的实际绩效与预期绩效之间的负向偏差，其中，系统各要素的状态应是监管机构关注且能够通过规制手段进行控制和干预的群体状态，负向偏差不仅取决于系统各要素不安全状态发生的概率，而且还取决于各种不利因素发生之后，给整个区域特种设备安全所带来的负面偏差的大小。基于监管视角的区域特种设备安全风险概念模型如图2.2所示。

基于监管视角的区域特种设备安全风险具有特殊性，根据上述定义，可将其与传统特种设备安全风险的区别总结为以下三点。

一是基于监管视角的区域特种设备安全风险，强调从企业外部的视角出发，为确保整个区域特种设备安全，发掘包括企业在内所有影响区域特种设备安全的利益相关方所存在的隐患和风险；传统特种设备安全风险，强调从企业内部的视角出发，发掘企业内部生产、经营、使用设备过程中存在的安全隐患和风险。

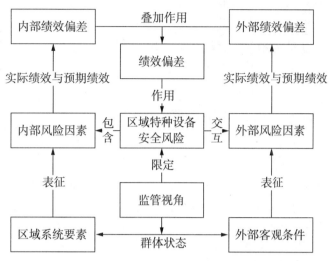

图 2.2　基于监管视角的区域特种设备安全风险概念模型

二是基于监管视角的区域特种设备安全风险，侧重于关注那些能够体现危险状态，并可以被安全监管部门所控制和干预的群体状态；传统特种设备安全风险，侧重于关注个体的危险和危险本身。

三是基于监管视角的区域特种设备安全风险，更多的是关注宏观层面可以反映或衡量不安全事件发生概率和事件影响程度的因素；传统特种设备安全风险，主要关注微观层面上安全事故的直接原因和事故的影响。

2. 基于监管视角的区域特种设备安全风险的特征

基于监管视角的区域特种设备安全风险作为一种系统性安全风险，具有系统的一般属性：

一是目的性，该系统以区域特种设备安全风险大小为目标；二是关联性和整体性，该系统是由与区域特种设备安全问题有关的相互联系、相互作用、相互制约的若干个因素结合成的具有特定功能的有机整体；三是开放性，客观条件的不确定性代表了系统外部环境或超系统的要素，可以对区域特种设备安全造成影响，引发系统功能或结构的变化；四是复杂非线性，该系统是由多个子系统和多个风险因素组成的复杂非线性系统，需要运用从定性到定量的综合集成方法，从理论到实践的系统工程措施等现代科学技术，实现区域特种设备安全风险评估的目标；五是层次性，区域特种设备安全风险涉及利益相关方较多，因此，该系统由多个子系统组成，而每个子系统又由多个风险因素组成，具有明显的层次性。

因此，在后续的研究中，应该站在政府监管的角度，运用系统分析的思想和方法，对其风险要素和结构进行分析，在此基础上，评估系统风险等级。

2.4.2　基于监管视角的区域特种设备安全风险预警体系

构建基于监管视角的区域特种设备安全风险预警体系，必须明确基于监管视角的区域特种设备安全风险预警的关键环节和组成要素。具体而言就是要明确风险预警的目标、分清风险预警的主体和客体、确定风险预警方法、分析风险预警结果、提出应对措施等。针对这些问题，结合基于监管视角的区域特种设备安全风险的概念、风险管理理论和风险预警的相关研究方法，将基于监管视角的区域特种设备安全风险预警体系分为：风险预警的目标、风险预警的主体、风险预警的客体、风险识别与分析、风险预警指标体系构建、风险预警模型构建、风险预警结果及应对措施七个方面。

1. 风险预警的目标

基于监管视角的区域特种设备安全风险预警的目标是从监管的视角出发，通过风险识别与分析、风险预警指标体系构建、风险预警模型构建，对区域特种设备安全风险预警等级进行测算并以此指导区域特种设备安全风险管理及安全监管的方向、策略和措施。本书以 31 个省级行政区域为样本，分别对其区域特种设备安全风险预警等级进行了测算并给出了针对性的应对策略。

2. 风险预警的主体

基于监管视角的区域特种设备安全风险预警的主体是省级及以上特种设备安全监管机构。例如，原国家质检总局特种设备安全监察局负责对各省级行政区域的区域特种设备安全进行风险预警，各省级行政区域的特种设备安全监察处负责对所辖市级行政区域的区域特种设备安全进行风险预警。本书实证研究中风险预警的主体是特种设备安全监察局。

3. 风险预警的客体

基于监管视角的区域特种设备安全风险预警的客体是区域特种设备安全状态水平，本书实证研究中风险预警的客体是 31 个省级行政区域的区域特种设备安全状态水平。由于区域特种设备安全状态水平涉及的影响因素较多，无法直接衡量，故需要对其影响因素（风险要素）进行识别和分析，以此细化风险预警的客体。

4. 风险识别与分析

风险识别与分析是基于监管视角的区域特种设备安全风险预警过程中的关键环节之一。鉴于基于监管视角的区域特种设备安全风险这一新的概念，采用自下而上的质性分析方法——基于扎根理论对风险因素进行提炼与分析；同时，根据扎根理论的分析结果，采用基于偏最小二乘法的结构方程模型（PLS - SEM）对风险因素之间的结构关系进行假设、验证与修正，以此完成风险识别与分析。

5. 风险预警指标体系构建

风险预警指标体系是基于监管视角的区域特种设备安全风险预警对象的载体。应在明确基于监管视角的区域特种设备安全风险内涵和指标体系构建目的的基础上，根据风险识别与分析所得因素，结合文献研究法、专家调查法，遵循指标体系构建的原则，构建并优化基于监管视角的区域特种设备安全风险预警指标体系。

6. 风险预警模型构建

风险预警模型构建是基于监管视角的区域特种设备安全风险预警的基础。为了更好地实现多维度、多层次的风险预警，考虑风险因素之间的关系和预警等级语言概念的不确定性，提高风险预警的准确性，故在选择风险预警模型构建的方法时，考虑采用"SEM-ANP-CM"的集成方法，简言之即运用网络层次分析法（ANP），根据 PLS-SEM 对各风险因素之间关系的分析结果，计算各指标权重，运用云模型（Cloud Model）的算法计算各指标等级隶属度，最终综合计算实现风险预警。

7. 风险预警结果及应对措施

基于监管视角的区域特种设备安全风险预警的最终输出的信息是风险预警结果及应对措施。为了更好地体现风险预警结果的价值，为区域特种设备安全监管提供理论依据，根据风险预警测算结果，绘制区域风险地图，并从多个角度对结果进行分析，并提出应对措施。本书对 31 个省级行政区域的区域特种设备安全风险预警等级进行了测算和分析，并从国家层面和省级层面分别给出了基于监管视角的区域特种设备安全风险应对策略。

2.4.3　基于监管视角的区域特种设备安全风险预警框架

在明确基于监管视角的区域特种设备安全风险的概念和研究目的的基础上，以特种设备安全监管机构为主体，以区域特种设备安全状态为客体，结合相关基础理论和风险预警的研究方法，对基于监管视角的区域特种设备安全风险因素进行识别与分析，通过构建风险预警指标体系和风险预警模型，实现对基于监管视角的区域特种设备安全风险预警，并提出应对策略，以此建立了基于监管视角的区域特种设备安全风险预警理论框架，如图 2.3 所示。与此同时，将风险预警的过程细化，以此形成基于监管视角的区域特种设备安全风险预警过程框架，如图 2.4 所示。具体研究过程在各章节会详细介绍。

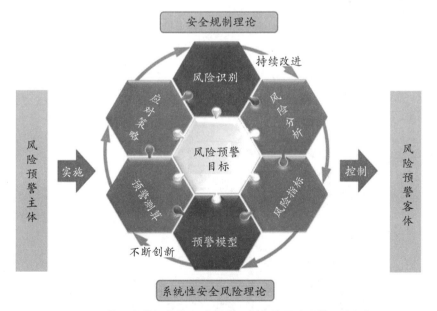

图 2.3　基于监管视角的区域特种设备安全风险预警理论框架

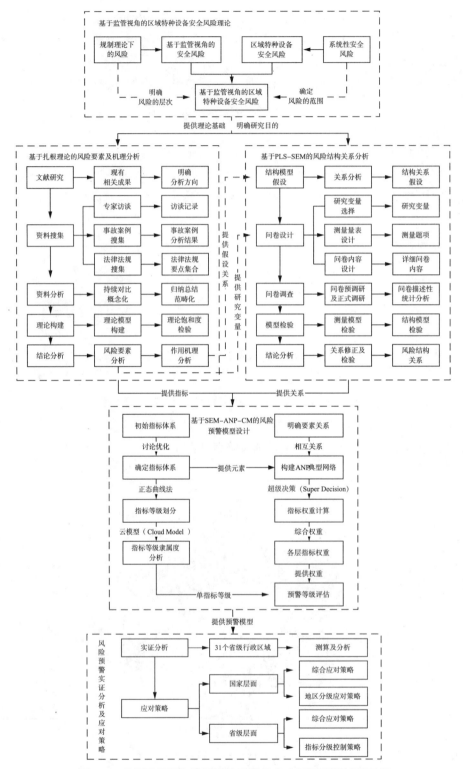

图 2.4　基于监管视角的区域特种设备安全风险预警过程框架

第3章　基于监管视角的区域特种设备安全风险要素及机理研究

在明确了基于监管视角的区域特种设备安全风险概念的基础上，本章采用扎根理论（Grounded Theory，GT）的质性分析方法，以专家访谈资料、特种设备安全事故案例和特种设备安全法律法规文件为分析材料，对基于监管视角的区域特种设备安全风险要素进行研究，构建了风险要素及机理模型，并对风险要素的作用机理进行了阐释，为后续研究中风险预警指标的选择提供了理论依据。

3.1　基于扎根理论的风险要素及机理研究思路

3.1.1　扎根理论

1. 理论简述

扎根理论是一种质性研究方法，近年来不断被应用于理论发现和构建的研究中。扎根理论最早出现于社会学研究领域，由美国社会学家 Glaser 和 Strauss 在医学社会科学的临床研究中初次运用并建立雏形，并于 1967 年在《发现扎根理论》一书中正式提出，其主要宗旨是基于经验资料建立理论，经过不断发展，扎根理论也逐渐被应用于管理等其他研究领域。两位开创者 Glaser 和 Strauss 指出，扎根理论强调在现实资料与资料分析的基础上，对理论进行发掘或修正，起初并不进行理论假设[189]；质性研究学者 Suddaby 认为扎根理论是极端实证主义和完全相对主义的折衷，是一套系统的利用数据搜集方法来实现理论构建的研究方法[190]。综上所述，扎根理论是在不进行理论假设的前提下，通过系统化的资料收集与分析，运用归纳的方式分析现象，从而整理发展出新的理论或对现有理论进行修正的一种研究方法。

扎根理论的应用具有六个基本理念。一是理论源于资料，扎根理论认为知识是积累而成的，是一个不断从个案到普遍事实，再由普遍事实到理论演进的过程，一切理论都可从大量资料中发现；二是由具体到抽象，与实证量化研究相比，扎根理论是从具体资料到抽象理论的一种自下而上的归纳演绎过程，与实证分析的思路恰恰相反；三是持续比较发现，扎根理论的分析过程是对原始资料进行持续比较的基础上，发现发展理论，并不断补充资料，在保证理论饱和度的前提下，实现理论建构的过程；四是主张自然呈现，扎根理论要求研究人员保持开放性的头脑来对原始资料进行深入分析和挖掘,通过对大量资料的分析,不断涌现出新理论,而不是单凭主观认定事实;五是一切皆为数据,扎根理论认为在研究过程中,一切涉及研究主题的资料都可以作为数据进行对比分析、提炼概念,例如:访谈资料、案例资料、文件资料、媒体报道等;六是研究者具有理论敏感度,扎根理论要求在选择研究人员时必须考虑其理论敏感度,即概念化能力,如洞察力、概括力、分析力等。扎根理论分析理念如图 3.1 所示。

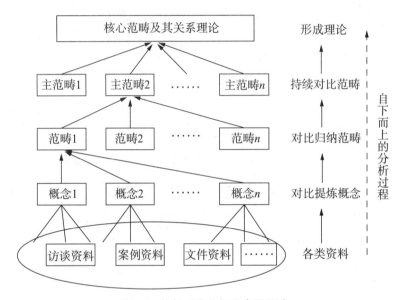

图 3.1　扎根理论分析理念及思路

2. 分析流程

正确使用扎根理论要掌握其分析流程。根据学者 Pandit 提出的操作流程[191],在大量查阅扎根理论应用的学术论文的基础上,归纳总结,将扎根理论的分析流程大致划分为文献回顾、资料搜集、资料分析、理论构建、结论分析五个阶段,如图 3.2 所示。其中,资料分析过程通常按照开放性编码、主轴编码、选择性编码三个步骤进行,整个编码过程是对原始资料进行概念化、范畴化重组,并从中发现范畴联系,提炼理论的过程;另外,在理论构建后、结论分析前,要对研究结果的理论饱和度进行验证,确保所构建理论的全面性和准确性。

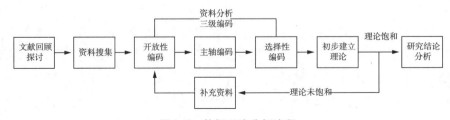

图 3.2　扎根理论分析流程

3. 应用情况

近年来，运用扎根理论进行理论建构的研究越来越多，国内学者也逐步将其拓展应用在不同研究方向中。通过梳理发现，现有研究多集中在因素的探索性分析和机理分析。例如，张红霞等基于扎根理论对品牌文化的概念进行了探索性研究，最终确定了品牌文化的四个维度：企业文化、产品与服务、品牌个性和理念以及品牌归属[192]；王建明、王俊豪运用扎根理论探究公众在实施低碳消费模式时所受影响的来源，深入挖掘关键影响因素，并对其作用机制进行了分析[193]；李燕萍、侯烜方按照扎根理论的研究思路对新生代员工工作价值观的因素结构进行了探讨，并研究了各因素对工作行为的影响机理[194]；张钢、张小军应用扎根理论对影响企业实施绿色创新战略的关键驱动因素进行了深入分析，并对其驱动方式和路径进行了分析[195]。

4. 运用原因

对现有研究梳理发现，扎根理论适合于因素的探索性分析和机理研究，现阶段对风险因素的识别研究，也相对成熟，已有很多应用案例。例如，杜晓君，刘赫通过案例分析，应用扎根理论对中国企业海外并购的关键风险进行了识别[196]；李柏洲等利用扎根理论对企业知识转移风险的深层因素进行了探讨，并构建了理论框架[197]；王刚采用扎根理论对海洋环境风险进行了概念分析，从而挖掘出自然因素、心理因素和社会因素三大类风险，并对其关系进行分析，深入研究了其形成机理[198]。

另外，根据基于监管视角的区域特种设备安全风险的定义，不难发现该风险是一种政府监管人员所关注的安全风险，其风险构成的研究应结合主观意识和客观事实，而非量化研究所能完全得到，扎根理论作为一种主张自然呈现，从具体到抽象，实证主义和相对主义折衷的研究方法，对于此类风险的识别具有很大优势，分析结果也会更加客观、真实。因此，本研究采用扎根理论的方法对基于监管视角的区域特种设备安全风险进行探索性分析，并对其形成机理进行深入研究，为下一步实证研究提供基础指明方向。

3.1.2　风险要素及机理研究思路

本章研究的总体思路可以概括为，从监管的视角出发，依据我国特种设备安全监管体制及机制，结合相关领域的研究成果，以专家访谈资料、特种设备安全事故案例和法律法规文件为分析材料，采用扎根理论的分析方法，面向特种设备行业或某个地区特种设备，分析基于监管视角的区域特种设备安全风险的构成，并探索安全风险的作用机理。依据扎根理论的六大分析理念和五阶段分析流程，结合本次研究内容的特点和需求，将总体思路具体设计如下：

文献回顾与探讨阶段。对特种设备安全风险研究的已有学术成果进行梳理，回顾其研究的思路与视角，并对研究所得的风险因素进行总结和对比，进而明晰本次研究问题的不同与特点，再一次印证研究的意义，为研究的顺利推进奠定基础、指引方向，同时避免出现因主旨不清而导致无结构的研究结果。

资料搜集与整理阶段。针对基于监管视角的区域特种设备安全风险，设计专家访谈提纲，通过对特种设备安全风险研究领域的专家和学者进行深入访谈并记录，获取文本资料。与此同时，对与研究主题相关的其他资料进行搜集，包括近年来我国特种设备安全事故案例和特种设备安全法律法规文件，并将事故案例的分析结果和法律法规的要点整理为文本资料，以便分析。

资料分析阶段。在明确研究主旨的前提下，首先分别对搜集所得的访谈资料、案例资料和法律法规文件资料进行开放性编码，将材料进行概念化提炼，并持续对比分析，合并重复性概念，将近似概念进行归类，完成初步范畴化；其次进行主轴编码，对开放性编码形成的范畴进一步对比分析，根据范畴的关系和层次，归纳总结出主范畴；最后进行选择性编码，从主范畴中挖掘核心范畴，分析核心范畴与主范畴、范畴之间的关系，用"故事线"进行串联。

理论构建阶段。根据资料分析过程三级编码的结果，按照"故事线"关系结构，围绕核心范畴，构建理论模型，并通过增加样本资料，进行理论饱和度验证，确保理论的完善性。

结论分析阶段。对所构建的理论模型进行详细的分析，包括对基于监管视角的区域特种设备安全风险要素的分析和风险要素作用机理的分析两个方面，最终完成本章研究。

本章研究思路如图 3.3 所示。

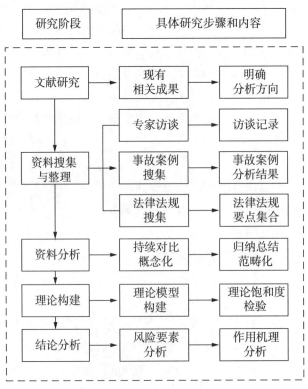

图 3.3 基于扎根理论的研究思路

3.2　文献研究及资料搜集

3.2.1　文献回顾与探讨

随着经济社会的飞速发展，特种设备的数量越来越多、设备规模越来越大，与人民的切身利益相关性不断增大，特种设备安全事故引发了社会公众的普遍关注。为了更好地防止事故的发生，近些年来，政府部门与学术界针对特种设备安全风险因素进行了深入的分析，并已经取得了一定的研究成果，主要从设备固有安全风险、生产/使用单位安全风险、监管部门安全风险、行业整体安全风险对风险因素进行了研究，但针对特种设备行业安全风险的研究还不是很多，从监管的视角出发研究区域特种设备安全风险更是少之又少，详细文献可见 1.3。故而采用扎根理论的方法对基于监管视角的区域特种设备安全风险进行研究显得十分必要。

3.2.2　资料搜集与分析工具

扎根理论研究结果的科学、有效性，取决于基础资料的真实性和全面性，因此资料搜集与整理是扎根理论研究中的重要环节。扎根理论的研究资料获取有很多渠道，访谈资料、观察记录、研究文献、历史案例、书籍文档等一切只要与研究相关的信息都可以作为分析的基础资料。正如 Glaser 所说，对于扎根理论而言，一切皆为数据。在实质研究领域，任何涉及研究者的一切，都可以当作数据来不断进行比较，从而形成概念并最终发掘其中所涉及的模式。

结合上文对基于监管视角的区域特种设备安全风险的定义，本节将通过专家访谈资料搜集、事故案例搜集、法律法规搜集获取扎根理论研究所需的基础资料和数据，为后续资料分析打下基础。

1. 专家访谈资料搜集

访谈对象的选择至关重要，直接影响到专家访谈资料的准确性，会对后续资料分析产生巨大影响，选择适合的访谈对象是保障研究结果可靠性的重要条件之一。本次研究为了探究基于监管视角的区域特种设备安全风险，故选择常年从事特种设备安全监管的人员或与其相关的研究人员作为访谈对象，依托"十三五"国家重点研发计划项目，采用单独访谈、内部讨论会、课题讨论会三种形式进行了专家访谈、资料收集。其中，对 5 位特种设备安全监察局的领导进行了面对面的单独访谈；通过组织内部讨论会对 5 位领域内研究专家进行了访谈；在三次课题讨论会上，围绕访谈提纲中设计的内容进行了深入的讨论，累计有 20 位各级监管人员和研究人员参与了讨论。最后将三个渠道获取的访谈记录进行整理汇总，形成 30 份专家访谈记录。访谈提纲见附录 A。

2. 事故案例资料搜集

一直以来，事故案例都是安全领域分析风险因素的有效渠道和重要的资料来源。根据扎根理论研究分析的需要，主要梳理了 2005—2013 年的事故案例 336 起，并抽取其中 70 起进行了安全事故分析，对事故发生的时间、地点、事故损失情况、事故原因、同类事故的预防措施等方面进行了收集、梳理和分析，最终形成了事故案例分析列表，摘取其中一部分，见表 3.1。

表 3.1 2005—2013 年事故案例分析示例

序号	事故时间	事故地点	损失情况	事故原因	预防措施
1	2005.9.11	河北省邢台市隆尧县固城镇大营纸业有限公司三分厂	锅炉爆炸，未造成人员伤亡，直接经济损失 25 万元	水位表失灵，点火运行时锅炉内无水或有很少水，由于锅炉严重缺水，锅筒过热，突然注入冷水，导致爆炸	定期对水位表等相关附件进行清理检查，加强操作人员培训，提高应急处置能力
2	2005.10.12	山西省运城市临猗县猗氏镇贵戚坊村杨文学泡花碱厂	锅炉爆裂，造成 1 人死亡	锅炉使用单位私自安装使用锅炉，未注册登记，未申请定期检验，锅炉水处理不合格、水质不合格、操作人员未按规定排污、司炉工未经培训、无证上岗、违章操作	锅炉使用单位应按照法律法规进行操作，严禁非法私自安装锅炉，及时注册登记，按期申请定期检验；改善水处理工艺，使锅炉水质达到标准要求，按规程定期排污；加强锅炉操作人员的安全技术培训工作，确保操作人员持证上岗
3	2006.2.5	重庆市綦江县重庆松藻电力有限公司	锅炉炉膛爆炸，造成 1 人轻伤，直接经济损失 10 万元	锅炉制造单位忽视对产品配套技术人员的管理，违章操作，导致启动锅炉炉膛爆炸，调试与使用单位没有采取有效措施，制造技术人员擅自操作	加强产品配套人员的管理，建立完善的安全生产、使用管理制度，加强管理人员和作业人员的安全知识培训，增强防范意识
……	……	……	……	……	……

表 3.1（续）

序号	事故时间	事故地点	损失情况	事故原因	预防措施
70	2011.6.11	山东省莱芜市六润食品有限公司饲料分公司	锅炉爆炸，造成 1 人死亡，5 人受伤	锅炉使用单位违规使用安全阀；司炉工擅自离岗；对检验机构提出的隐患未整改。锅炉维修单位未申请重大维修监督检验；没有进行无损检测和水压试验；维修焊接质量差；锅炉使用单位日常管理混乱；制度不健全；职工安全意识淡薄。检验单位进行外部检验时，对使用单位的一系列违规行为没有及时发现和纠正	锅炉使用单位要健全锅炉安全管理制度，加强安全管理；对检验机构提出的安全隐患要认真整改；提高职工安全意识；加强操作人员安全技术培训；明确岗位职责，严禁擅自脱岗。锅炉重大维修要按规定进行，履行告知和报检手续，必须经过检验合格才能投入使用。锅炉检验单位要加强对检验人员的教育，提高素质、责任意识，及时发现和消除安全隐患

3. 法律法规资料搜集

政府部门为了加强特种设备的安全监察，防止和减少事故，保障人民群众生命和财产安全，促进经济发展，颁布了与特种设备相关的法律法规。这些法律法规很好地体现了监管视角下的安全要素，因此，对法律法规进行扎根理论分析有很大的必要性。当前，我国针对特种设备领域，有一部经全国人大批准发布的法律：《中华人民共和国特种设备安全法》，2013 年 6 月 29 日公布，2014 年 1 月 1 日起施行；有一部现行主要行政法规：《特种设备安全监察条例》（国务院令第 549 号），2009 年 1 月 24 日公布，2009 年 5 月 1 日施行。

4. 资料整理分析工具

本研究应用 Nvivo 11 软件作为计算机辅助工具，对所搜集的资料进行整理和分析。Nvivo 11 是一种质性分析的软件，旨在为研究人员实施通用的定性分析方法来组织、整理、分析和共享数据，并可从数据中挖掘数据的新模式。本研究将扎根理论的研究思路融入到 Nvivo 11 质性分析软件的分析过程，将编码过程运用创建节点的方式来实现，通过分析节点间的结构关系，划分孙节点、子节点、父节点，并创建节点关系，从而完成资料分析过程，探究深层次的理论模型。

3.3 资料分析

3.3.1 开放性编码

开放性编码是围绕研究主旨，对原始资料的关键要素进行概念化的提炼，并初步范畴化的过程，是扎根理论资料分析的第一步。由于在搜集资料时，搜集整理了专家访谈资料、事故案例资料和法律法规资料三类数据，故在进行开放性编码时，需逐一对其进行编码分析。与此同时，为了保证研究过程的逻辑和思路的清晰性，更好地提炼概念和范畴，直观呈现与概念所对应的原始资料的出处，故对三类数据编码语句定义序列号。

首先，从 30 份专家访谈记录中随机抽取 25 份进行开放性编码，剩余 5 份用作理论饱和度检验。专家访谈记录的编码序列号为"Z 访谈记录编号-核心问题编号-解答要素编号"，例如"Z15-3-1"表示第 15 份专家访谈记录的第 3 个核心问题的第 1 个解答要素。经过逐一编码，共获得了 627 个编码序列，对比分析 627 个编码序列，提炼出了 42 个概念。专家访谈记录的开放性编码示例如表 3.2 所示。

表 3.2 专家访谈资料开放性编码示例

原始资料出处（举例）	概念
Z2-1-3 自然灾害是最大的不确定性因素，当发生雪灾、火灾、地震、台风等灾害时，设备自然会受到影响；Z8-1-2 长时间的降雨，导致城市内涝，设备浸泡时间过长，导致设备失效；Z15-1-5 地震发生，房屋坍塌，设备受损，此灾害属于不可控的客观因素	自然灾害
Z3-1-2 各区域所处地理位置的不同可能对某些设备会造成不同的影响，在管道铺设的过程中尤为明显；Z12-1-1 我省地处高原，平均海拔超过 2000m，大气的压力下降，可能导致承压设备内外压力差的增大，介质从密封容器中泄漏的概率增大；Z13-1-3 所处高原的设备，在安装、维修、改造等过程中比一般地区更困难，易出现操作问题	地质条件
Z6-1-3 冬季寒冷的天气易对承压设备造成影响，介质可能随极端天气温度的变化而发生质变；Z7-1-1 我省所处地区，雨水较多，湿度较大，对设备的防腐要求较高，例如管道受到腐蚀，若不及时维护造成泄漏，可能会酿成事故；Z14-1-3 夏季持续高温气候，导致设备处于高温作业状态，降温通风措施不到位，可能导致设备损坏，引发事故	气候条件
Z21-1-2 所处地区的社会发展水平，可间接对特种设备的安全产生影响；Z22-1-3 社会的进步，会对特种设备行业安全产生促进作用；Z2-1-5 地区居民整体安全意识好，有利于特种设备安全行业的安全	社会发展水平

表 3.2（续）

原始资料出处（举例）	概念
Z2-1-4 地区整体经济发展水平越高，越有经济实力加大安全投入；Z13-1-2 经济条件较差的地区，设备的检验条件有限，甚至导致定检率较低；Z15-1-2 随着经济的稳步发展，我省对特种设备安全监管和检验的投入逐渐加大	经济发展水平
Z1-3-1 特种设备不断增多，政府的监管压力大，行业协会的监管作用没有得到发挥；Z4-4-1 推进简政放权、优化安全监管、多元共治；Z10-4-2 充分发挥社会公众的监管力量，为政府的重点检查提供依据	监管主体的联动性
Z5-3-1 当前我国监管水平与广大人民群众日益增长的质量安全需求不适应，监管模式有待提高；Z9-4-3 克服监管中的问题，应优化监管模式，提高监管效率；Z16-4-5 正确定位检验机构属性，充分发挥市场检验机构的力量	监管模式的合理性
Z1-3-2 特种设备监管制度依然不健全，仍需不断完善；Z1-4-2 结合实际问题和需要，设计或修订监管制度；Z18-3-3 随着特种设备数量的增多，监管中新情况、新问题的出现，使得监管制度仍需不断完善	监管制度的完善性
Z19-2-6《特种设备安全法》自 2014 年 1 月 1 日起施行，标志着我国特种设备安全工作向着法制化方向迈进了一大步；Z20-2-5 对 2003 版《特种设备安全条件》的优化，是近年来我国特种设备安全监管工作的一项重大成果；Z1-4-2 应不断推进特种设备安全工作法制化进程，实现依法治"特"	法律法规健全程度
Z24-3-3 一些老旧的部门规章，应伴随着新版《特种设备安全条例》的发布，进行修订；Z23-4-4 进一步优化部门规章，促进政府职能向经济调节、社会管理和公共服务转变；Z25-4-5 针对易发问题或需要特别规定的环节颁布部门规章，同时保证规章与法律法规的契合性	部门规章健全程度
Z2-2-4 特种设备的技术规范在法规体系中扮演者及其重要的作用；Z6-2-5 安全技术规范是有关法律、法规和规章的原则规定具体化；Z9-3-4 随着新技术、新工艺、新问题的出现，技术规范还需不断优化、修订	技术规范健全程度
Z11-3-5 特种设备的各种标准多数偏向技术类，管理类等标准有待增加；Z23-2-3 标准有利于企业技术进步，从而促进行业进步；Z13-4-8 应鼓励特种设备行业内建立企业生产、经营、检验产品的行为准则	各类标准健全程度
Z4-3-5 特种设备安全监察和检验力量与设备快速增长的客观需要不适应；Z8-4-8 针对特种设备规模较大的地区，适当增加编制；Z10-4-8 增加专业安全监察协管人员的数量，协助监察工作的开展	监察人员配置
Z4-3-5 特种设备安全监察和检验力量与设备快速增长的客观需要不适应；Z16-4-7 充分发挥市场检验机构的力量，保障检验人员与本地区检验工作的匹配度；Z25-3-7 个别偏远地区，特种设备检验机构及人员匮乏	检验人员配置
Z7-3-6 监察资金不满足监管的实际需求；Z17-3-5 监察手段的研究创新缺乏资金支持；Z24-4-5 应加大监察投入、创新监管方法	监察资金投入

表 3.2（续）

原始资料出处（举例）	概念
Z9-3-7检验机构的持续创新发展有待提升，对检验收入的再投入不足；Z11-4-8检验机构应提高资金投入用于强化自身实力；Z23-2-5检验资金投入可以提升检验技术，降低检验成本，促进检验率的提高	检验资金投入
Z13-3-11本地区的监察硬件条件较差，装备不利于现场监察的实施；Z15-2-10监察物力资源是监察工作顺利开展的基础；Z21-4-9提高监察硬件条件，建立先进的监察系统	监察物力资源
Z6-3-6部分地区检验信息平台形同虚设；Z16-4-10提升检验技术装备，提高检验质量；Z20-2-7检验技术装备是保障检验结果有效的基础	检验物力资源
Z2-2-7监督检验机构通过对生产环节进行监管，保障特种设备的安全性能；Z11-3-10部分地区的仍存在无监督检验合格证的在用设备；Z23-4-7加强对制造、安装、改造、维修等环节的监督检验	监督检验执行情况
Z3-2-8定期检验是检验设备质量、发掘安全隐患的重要手段；Z10-3-7部分地区到期未检设备数量较多，定期检验率有待提高；Z22-4-7提高定期检验率，监督特种设备使用单位到期检验	定期检验执行情况
Z5-2-3监管机构通过现场监督检查、抽查等方式来督促生产、使用单位的特种设备；Z12-3-6监管机构执法力度不足，导致企业违法行为频发；Z19-4-11制定合理的现场安全监督检查计划，严格按照计划进行执法监督检查	执法监督检查情况
Z14-3-8部分地区事故调查处理不及时或存在有失公允之处；Z16-2-7事故发生后会对社会产生负面影响，事件调查处理越慢，事件在网络上讨论时间越长，事故影响越大；Z21-4-9通过公正的事故处理，消除公众不满意情绪，控制舆情发展	事故处理执行情况
Z13-3-10部分地区未建立应急管理平台，建立平台的地区没有有效运用；Z17-4-7建立健全应急管理平台、确保有效应用；Z22-2-6应急管理平台可以协调各方应急救援队伍，实现快速救援，降低事故损失	应急管理平台
Z3-3-6随着网络的发展，网络舆情成为事故衍生危害的一种，而监测平台却还不成熟；Z18-4-6加快舆情监测平台建设，将特种设备安全的舆情监测纳入平台；Z25-2-5政府通过建设舆情监测平台，对网络舆情进行监测，及时控制不安全状态的发生	舆情监测平台
Z1-2-5政府对舆情进行及时妥当的处理，尽可能地消除事故影响；Z15-3-6政府对网络舆情的认识不足，舆情处理能力不强；Z21-4-8通过专业培训，结合事故案例，强化舆情处理能力	舆情处理能力
Z4-2-3特种设备作业人员无资质作业，是导致事故发生的主要因素之一；Z7-3-9特种设备作业人员未持证上岗的现象依然很多；Z14-3-8操作人员不具备专业技能，无证作业	作业人员资质

表 3.2（续）

原始资料出处（举例）	概念
Z12-2-6 作业人员专业技能的熟练程度一定程度上会影响特种设备的安全运行；Z14-2-5 作业人员的工作经验越丰富，在操作中的安全性越高；Z23-4-9 降低老员工的流失率，鼓励师徒制，促使新员工快速熟练技术	作业人员工作经验
Z8-3-3 存在作业人员上岗前未经系统培训和考核的现象；Z12-4-8 缺乏工作经验的新员工应进行入职培训，熟练操作技能；Z13-2-5 员工具备资质仅是入门条件，开展作业人员专业培训可以有效降低操作风险	专业培训情况
Z5-3-5 现场监察发现，依然存在应登记的特种设备未进行注册的现象；Z7-2-3 特种设备未按照规范进行使用登记，不受监督管制，风险增高；Z14-4-7 依法对应注册登记的设备进行使用登记，加大执法力度，杜绝违法使用行为	设备使用登记情况
Z16-2-4 设备使用时间过长，老化严重，出现安全隐患；Z22-3-5 部分地区的老旧设备过多，虽符合使用要求，但故障频次增多；Z20-4-5 对使用时间较长的设备加大日常维护和检修，及时更新设备	设备老化情况
Z10-3-9 部分地区特种设备定期检验存在质量问题的数量较多；Z19-3-5 部分地区生产单位设备监督检验一次合格率低；Z24-5-3 设备及附件的安全状况是安全风险因素之一	设备及附件合规性
Z2-3-5 部分地区设备故障率较高，严重影响了工作效率，间接造成经济损失；Z5-4-6 加强日常检查和维修，保证设备持续正常运行；Z17-2-6 设备故障停机会造成经济损失，甚至引发事故	设备可靠性
Z4-2-4 安全管理是保障设备安全运行、消除事故隐患的重要手段；Z6-3-6 通过现场监察发现，部分地区安全管理问题依然很多；Z17-5-4 安全管理情况是衡量风险大小的因素之一	安全管理合规性
Z8-2-3 行业对安全的重视程度，直接影响着整体安全水平，体现在安全投入的多少；Z14-3-5 地区特种设备行业的安全投入不足；Z21-4-6 将安全投入作为企业考核指标的一部分	安全投入情况
Z9-2-4 从业人员的安全认识和整体安全文化氛围影响区域特种设备安全；Z15-3-8 缺乏对特种设备安全知识的宣传，没有良好的安全文化氛围；Z22-4-5 政府应加大特种设备安全宣传力度，提高人们的安全意识	安全文化环境
Z1-2-6 信息化时代的到来，对于提高安全监管和安全管理能力来说是发展契机；Z12-3-5 地区整体的信息化水平不够，设备安全管理效率较低；Z20-4-8 加快信息化安全管理的进程，营造良好的信息化环境	安全信息化环境
Z1-5-1 事故数量及其影响大小是衡量区域特种设备安全的重要指标；Z6-5-3 万台设备事故率可用来衡量地区的安全状态；Z19-3-2 部分地区安全事故频发，社会影响较大	事故数量

表3.2（续）

原始资料出处（举例）	概念
Z2-5-3事故伤亡情况也应是重要因素，地区事故数量虽少，但造成伤亡巨大，例如天津港；Z9-5-4事故影响主要包括两个方面，伤亡情况和经济损失；Z21-3-8部分地区事故导致伤亡巨大，社会影响大	事故伤亡情况
Z9-5-4事故影响主要包括两个方面，伤亡情况和经济损失；Z15-2-5事故发生所带来的人员伤亡和经济损失，对区域特种设备安全造成影响；Z17-4-5提高应急管理水平，尽可能降低事故造成的损失	事故经济损失
Z1-2-3网民对事故的关注会间接的增加事故的间接影响，网络舆情发生的概率增加；Z4-5-3网民关注度可以衡量事故影响的大小；Z18-4-7监测网民对事故的关注情况，合理制定舆情应对措施	网民关注度
Z3-5-5公众不满意程度应是安全风险因素之一，体现了事故的负面社会影响；Z7-5-6事故影响不仅在伤亡与损失，还有对公众造成的负面影响；Z21-4-9通过公正的事故处理，消除公众不满意情绪，控制舆情发展	公众不满意度
Z10-5-6事件在网络上的发酵时间可以衡量事故的影响大小；Z11-4-10加强舆情处理能力，降低事件发酵时间及事故影响；Z16-2-7事故发生后会对社会产生负面影响，事件调查处理越慢，事件在网络上讨论时间越长，事故影响越大	事件发酵时长

其次，根据事故案例分析列表，对70个事故案例的事故原因、损失情况及预防措施进行编码。事故原因的编码序列号为"S事故案例编号-A事故原因编号"，例如"S70-A2"表示第70个事故案例的第2个事故原因；损失情况的编码序列号为"S事故案例编号-B损失情况编号"，例如"S1-B2"表示第1个事故案例的第2种损失情况；预防措施的编码序列号为"S事故案例编号-C预防措施编号"，例如"S1-C2"表示第1个事故案例的第2个预防措施。经过逐一编码，共获得了526个编码序列，对比分析526个编码序列，提炼出了16个概念。事故案例的开放性编码示例如表3.3所示。

表3.3 事故案例开放性编码示例

原始资料出处（举例）	概念
S8-C2按要求制造锅炉部件，保证制造质量，加强设计、制造、安装、修理和改造环节的监督检验；S9-C1履行安装告知手续；申请安装监督检验；S30-A5锅炉无安装监督检验合格报告	监督检验执行情况
S2-C3检验和校检合格后方可投入使用；S42-A7使用单位未申请定期检验；S59-A4使用单位未在检验合格有效期届满前1个月申请检验	定期检验执行情况
S6-C2加大查处力度，杜绝违法制造、安装、使用土锅炉；S25-C1加强对小型锅炉制造厂质量管理的监督检查；S32-A5监督检查力度不够	执法监督检查情况

表 3.3（续）

原始资料出处（举例）	概念
S21－C4 合理配置操作人员数量，避免疲劳操作；S28－A4 操作人员数量不足；S28－C4 配备足够安全管理人员和锅炉操作人员	作业人员配置
S6－A3 操作人员不懂锅炉安全基本知识致使操作不当；S70－C9 锅炉检验单位要加强对检验人员的教育，提高素质、责任意识；S67－C4 提高司炉工的操作技能和应急处理能力	作业人员素质
S2－C6 确保操作人员持证上岗；S11－A5 操作人员无证上岗；S49－A1 使用单位委托无资质的个人进行锅炉重大维修	作业人员资质
S2－A5 司炉工未经培训；S34－C3 加强操作人员的安全技术培训；S55－A5 对员工教育、培训不够	专业培训情况
S9－A4 使用单位违规使用锅炉，未办理使用登记手续；S17－A4 使用单位没有办理使用登记证，非法使用；S44－C3 使用单位应对锅炉进行注册登记取得使用登记证，建立安全技术档案	设备使用登记情况
S1－A1 水位表失灵，点火运行时锅炉内无水或有很少水，由于锅炉严重缺水，锅筒过热，突然注入冷水，导致爆炸；S47－A1 锅炉水位控制和报警装置失灵；S48－A1 安全阀锈死无法排压，导致锅炉超压爆炸	设备及附件合规性
S62－A4 未按检验机构提出的要求进行整改，擅自启用；S33－C3 及时整改点火观察、风量检测装置和安全保护系统存在的问题；S66－C9 发现存在严重安全隐患的锅炉设备必须整改合格后才能投入使用	设备问题整改情况
S3－A1 锅炉制造单位忽视对产品配套技术人员的管理；S57－A2 使用单位缺乏安全意识和防范措施；S67－C1 使用单位要健全锅炉安全管理制度和操作规程，并严格执行	安全管理合规性
S33－C2 认真检查现行的《作业指导书》是否存在安全隐患及时修改并严格执行；S45－C2 对发现的隐患及时消除，按规操作；S51－C4 发现管理问题和安全隐患并及时处理	安全管理问题整改
S28－C4 配备足够安全管理人员和锅炉操作人员；S7－A4 没有按照相关要求建立锅炉使用安全管理机构或指定安全管理人员；S61－A2 使用单位未按规定配备专职或兼职安全管理人员	安全管理人员配置
S5－C2 加大宣传力度，使设备使用单位能够按规定使用锅炉；S6－C1 加强锅炉法规、安全技术规范和安全知识宣传教育，提高全民安全意识；S43－C3 加大特种设备安全的法律法规的宣传力度，提高使用单位人员安全意识，提高安全管理水平	安全文化环境
S4－B1 造成 1 人死亡、1 人轻伤；S6－B1 造成 4 人死亡，1 人轻伤；S60－B1 造成 1 人死亡	事故伤亡情况
S1－B2 直接经济损失 25 万元；S3－B2 直接经济损失 10 万元；S61－B3 经济损失 30 万元	事故经济损失

最后，根据《特种设备安全法》和《特种设备安全监察条例》两项法律法规，对其规定的具体内容进行开放性编码。编码序列号为"F 法律法规编号-章节编号-安全要素编号"，例如"F1-2-1"表示《特种设备安全法》的第 2 章节规定的第 1 个安全要素；"F2-3-1"表示《特种设备安全监察条例》的第 3 章节规定的第 1 个安全要素。经过逐一编码，共获得了 113 个编码序列，对比分析 113 个编码序列，提炼出了 26 个概念。法律法规的开放性编码示例如表 3.4 所示。

表 3.4　法律法规开放性编码示例

原始资料出处（举例）	概念
F1-1-2 县级以上地方各级人民政府应当建立协调机制，及时协调、解决特种设备安全监督管理中存在的问题	监管制度的完善性
F1-2-6 应当将允许使用的新材料、新技术、新工艺的有关技术要求，及时纳入安全技术规范；F2-6-11 根据特种设备的管理和技术特点、事故情况对相关安全技术规范进行评估；需要制定或者修订相关安全技术规范的，应当及时制定或者修订	技术规范健全程度
F1-2-1 特种设备生产、经营、使用单位应当按照国家有关规定配备特种设备安全管理人员、检测人员和作业人员；F1-3-1/F2-4-1 有与检验、检测工作相适应的检验、检测人员	检验人员配置
F1-4-4 负责特种设备安全监督管理的部门对依法办理使用登记的特种设备应当建立完整的监督管理档案和信息查询系统	监察物力资源
F1-3-2/F2-4-2 有与检验、检测工作相适应的检验、检测仪器和设备；F1-3-3/F2-4-3 有健全的检验、检测管理制度和责任制度	检验物力资源
F1-2-7/F2-2-9 未经监督检验或者监督检验不合格的，不得出厂或者交付使用；F1-2-19/F2-3-7 从事锅炉清洗，应当按照安全技术规范的要求进行，并接受特种设备检验机构的监督检验	监督检验执行情况
F1-2-5 对国家规定实行检验的特种设备应当及时申报并接受检验；F1-2-13 设备检验机构接到定期检验要求后，应当按照安全技术规范的要求及时进行安全性能检验；F2-3-8 特种设备使用单位应当按照安全技术规范的定期检验要求，在安全检验合格有效期届满前 1 个月向特种设备检验检测机构提出定期检验要求	定期检验执行情况
F1-4-1/F2-5-1 负责特种设备安全监督管理的部门依照规定，对特种设备生产、经营、使用单位和检验、检测机构实施监督检查；F1-4-8/F2-5-4 应当对每次监督检查的内容、发现的问题及处理情况做记录；F2-2-5 施工过程中，施工现场的安全生产监督，由有关部门依照有关法律、行政法规的规定执行	执法监督检查情况

表 3.4（续）

原始资料出处（举例）	概念
F1-5-6 事故发生地人民政府接到事故报告，应当依法启动应急预案，采取应急处置措施，组织应急救援；F1-5-7/F2-6-8 根据事故大小，由各级政府负责特种设备安全监督管理的部门会同有关部门组织事故调查组进行调查；F2-6-10 特种设备安全监督管理部门应当在有关地方人民政府的领导下，组织开展特种设备事故调查处理工作	事故处理执行情况
F1-1-1 国务院和地方各级人民政府应当加强对特种设备安全工作的领导，督促各有关部门依法履行监督管理职责；F1-3-5/F2-4-5 特种设备检验、检测机构及其检验、检测人员应当客观、公正、及时地出具检验、检测报告，并对检验、检测结果和鉴定结论负责；F1-4-2 负责特种设备安全监督管理的部门实施本法规定的许可工作，应当依照本法和其他有关法律、行政法规规定的条件和程序以及安全技术规范的要求进行审查	安全监察责任履行
F1-5-1 国务院负责特种设备安全监督管理的部门应当依法组织制定特种设备重特大事故应急预案；F1-5-2 县级以上地方各级人民政府及其负责特种设备安全监督管理的部门应当依法组织制定本行政区域内特种设备事故应急预案，建立或者纳入相应的应急处置与救援体系；F2-6-5 特种设备安全监督管理部门应当制定特种设备应急预案	事故应急预案
F1-2-1 特种设备生产、经营、使用单位应当按照国家有关规定配备特种设备安全管理人员、检测人员和作业人员	作业人员配置
F1-2-3 作业人员应当按照国家有关规定取得相应资格，方可从事相关工作；F2-3-17 应当按照国家有关规定经特种设备安全监督管理部门考核合格，取得国家统一格式的特种作业人员证书，方可从事相应的作业	作业人员资质
F1-2-2 其进行必要的安全教育和技能培训；F2-3-18 特种设备使用单位应当对特种设备作业人员进行特种设备安全、节能教育和培训，保证特种设备作业人员具备必要的特种设备安全、节能知识	专业培训情况
F1-2-8/F2-3-2 特种设备使用单位应当在特种设备投入使用前或者投入使用后 30 日内，向负责特种设备安全监督管理的部门办理使用登记，取得使用登记证书；F1-2-20 特种设备进行改造、修理，按照规定需要变更使用登记的，应当办理变更登记，方可继续使用；F1-2-21/F2-3-11 特种设备使用单位应当依法履行报废义务，采取必要措施消除该特种设备的使用功能，并向原登记的负责特种设备安全监督管理的部门办理使用登记证书注销手续	设备使用登记情况

表 3.4（续）

原始资料出处（举例）	概念
F1-2-14 未经定期检验或者检验不合格的特种设备，不得继续使用；F2-4-6 特种设备检验检测机构进行特种设备检验检测，发现严重事故隐患或者能耗严重超标的，应当及时告知特种设备使用单位，并立即向特种设备安全监督管理部门报告；F1-4-8/F2-5-5 在用的特种设备存在事故隐患、不符合能效指标的，应当以书面形式发出特种设备安全监察指令，责令有关单位及时采取措施，予以改正或者消除事故隐患	设备及附件合规性
F1-2-15 特种设备安全管理人员应当对特种设备使用状况进行经常性检查，发现问题应当立即处理；F2-3-10 特种设备不符合能效指标的，特种设备使用单位应当采取相应措施进行整改；F1-4-8/F2-5-5 在用的特种设备存在事故隐患、不符合能效指标的，应当以书面形式发出特种设备安全监察指令，责令有关单位及时采取措施，予以改正、消除事故隐患	设备问题整改情况
F1-2-4 特种设备生产、经营、使用单位对其生产、经营、使用的特种设备应当进行自行检测和维护保养；F1-2-9 特种设备使用单位应当建立岗位责任、隐患治理、应急救援等安全管理制度，制定操作规程，保证特种设备安全运行；F1-2-10/F2-3-3 特种设备使用单位应当建立特种设备安全技术档案	安全管理合规性
F1-4-8/F2-5-5 发现有违反本条例规定和安全技术规范要求的行为，应当以书面形式发出特种设备安全监察指令，责令有关单位及时采取措施，予以改正或者消除事故隐患；F1-5-10 事故责任单位应当依法落实整改措施，预防同类事故发生；F2-3-14 特种设备的安全管理人员应当对特种设备使用状况进行经常性检查，发现问题的应当立即处理	安全管理问题整改
F1-2-1 特种设备生产、经营、使用单位应当按照国家有关规定配备特种设备安全管理人员、检测人员和作业人员；F1-2-11/F2-3-13 应当对特种设备的使用安全负责，设置特种设备安全管理机构或者配备专职的特种设备安全管理人员	安全管理人员配置
F2-1-6 特种设备生产、使用单位和特种设备检验检测机构，应当保证必要的安全和节能投入	安全投入情况
F1-1-6 负责特种设备安全监督管理的部门应当加强特种设备安全宣传教育，普及特种设备安全知识，增强社会公众的特种设备安全意识	安全文化环境
F1-1-5 国家支持有关特种设备安全的科学技术研究，鼓励先进技术和先进管理方法的推广应用，对做出突出贡献的单位和个人给予奖励；F2-1-4 国家鼓励推行科学的管理方法，采用先进技术，提高特种设备安全性能和管理水平；F2-1-5 国家鼓励特种设备节能技术的研究、开发、示范和推广，促进特种设备节能技术创新和应用	安全技术先进性

表 3.4（续）

原始资料出处（举例）	概念
F1-1-4 特种设备行业协会应当加强行业自律，推进行业诚信体系建设，提高特种设备安全管理水平；F1-1-5 国家支持有关特种设备安全的科学技术研究，鼓励先进技术和先进管理方法的推广应用；F2-1-4 国家鼓励推行科学的管理方法，采用先进技术，提高特种设备安全管理水平	管理方法先进性
F2-6-1 特种设备事故造成 30 人以上死亡，或者 100 人以上重伤（包括急性工业中毒，下同）；F2-6-2 特种设备事故造成 10 人以上 30 人以下死亡，或者 50 人以上 100 人以下重伤；F2-6-3 特种设备事故造成 3 人以上 10 人以下死亡，或者 10 人以上 50 人以下重伤；F2-6-4 特种设备事故造成 3 人以下死亡，或者 10 人以下重伤	事故伤亡情况
F2-6-1 特种设备事故造成 1 亿元以上直接经济损失；F2-6-2 特种设备事故造成 5000 万元以上 1 亿元以下直接经济损失；F2-6-3 特种设备事故造成 1000 万元以上 5000 万元以下直接经济损失；F2-6-4 特种设备事故造成 1 万元以上 1000 万元以下直接经济损失	事故经济损失

通过对专家访谈资料、事故案例资料以及法律法规资料的概念化提炼，形成了 3 个概念库。扎根理论是一种不断比较、不断发现的方法，故首先将获取的 3 个"概念库"进行比较，删除重复和近似项，合并成一个总的"概念库"，进而对所得概念进行归纳和总结，最后提炼出相应的范畴，为下一步的主轴编码作铺垫。通过比较分析、归纳总结，共整理出 51 个概念，提炼出 14 个范畴。开放性编码示例，具体见表 3.5。

表 3.5 开放性编码示例

原始资料出处（举例）	概念	范畴
Z2-1-3；Z8-1-2；Z15-1-5	自然灾害	自然环境
Z3-1-2；Z12-1-1；Z13-1-3	地质条件	
Z6-1-3；Z7-1-1；Z14-1-3	气候条件	
Z21-1-2；Z22-1-3；Z2-1-5	社会发展水平	社会经济环境
Z2-1-4；Z13-1-2；Z15-1-2	经济发展水平	
Z1-3-1；Z4-4-1；Z10-4-2	监管主体的联动性	监管体制合理性
Z5-3-1；Z9-4-3；Z16-4-5	监管模式的合理性	
Z1-3-2；Z1-4-2；Z18-3-3；F1-1-2	监管制度的完善性	

表3.5（续）

原始资料出处（举例）	概念	范畴
Z1-4-2；Z19-2-6；Z20-2-5	法律法规健全程度	法规体系健全性
Z23-4-4；Z24-3-3；Z25-4-5	部门规章健全程度	
Z2-2-4；Z6-2-5；Z9-3-4；F1-2-6；F2-6-11	技术规范健全程度	
Z11-3-5；Z13-4-8；Z23-2-3	各类标准健全程度	
Z4-3-5；Z8-4-8；Z10-4-8	监察人员配置	监管资源
Z4-3-5；Z16-4-7；Z25-3-7；F1-2-1；F1-3-1/F2-4-1	检验人员配置	
Z7-3-6；Z17-3-5；Z24-4-5	监察资金投入	
Z9-3-7；Z11-4-8；Z23-2-5	检验资金投入	
Z13-3-11；Z15-2-10；Z21-4-9；F1-4-4	监察物力资源	
Z6-3-6；Z16-4-10；Z20-2-7；F1-3-2/F2-4-2	检验物力资源	
Z2-2-7；Z11-3-10；S8-C2；S30-A5；F1-2-7/F2-2-9	监督检验执行情况	监管执行
Z3-2-8；Z22-4-7；S2-C3；S59-A4；F1-2-5；F1-2-13	定期检验执行情况	
Z5-2-3；Z19-4-11；S6-C2；S32-A5；F1-4-1/F2-5-1	执法监督检查情况	
Z14-3-8；Z16-2-7；Z21-4-9；F1-5-6；F1-5-7/F2-6-8	事故处理执行情况	
F1-1-1；F1-3-5/F2-4-5；F1-4-2	安全监察责任履行	
Z13-3-10；Z17-4-7；Z22-2-6	应急管理平台	应急与舆情管理
F1-5-1；F1-5-2；F2-6-5	事故应急预案	
Z3-3-6；Z18-4-6；Z25-2-5	舆情监测平台	
Z1-2-5；Z15-3-6；Z21-4-8	舆情处理能力	
S21-C4；S28-A4；S28-C4；F1-2-1	作业人员配置	作业人员状态
S6-A3；S67-C4；S70-C9	作业人员素质	
Z4-2-3；Z14-3-8；S2-C6；S11-A5；S49-A1；F1-2-3	作业人员资质	
Z12-2-6；Z14-2-5；Z23-4-9	作业人员工作经验	
Z8-3-3；Z12-4-8；S2-A5；S34-C3；S55-A5；F1-2-2	作业人员专业培训情况	

表 3.5（续）

原始资料出处（举例）	概念	范畴
Z5-3-5；Z14-4-7；S9-A4；S44-C3；F1-2-8/F2-3-2	设备使用登记情况	设备状态
Z16-2-4；Z22-3-5；Z20-4-5	设备老化情况	
Z10-3-9；S1-A1；S47-A1；F1-2-14；F1-4-8/F2-5-5	设备及附件合规性	
S62-A4；S33-C3；S66-C9；F1-2-15；F2-3-10	设备问题整改情况	
Z2-3-5；Z5-4-6；Z17-2-6	设备可靠性	
Z4-2-4；Z17-5-4；S3-A1；S67-C1；F1-2-4；F1-2-9	安全管理合规性	安全管理状况
S33-C2；S45-C2；S51-C4；F1-4-8/F2-5-5；F1-5-10	安全管理问题整改	
S28-C4；S7-A4；S61-A2；F1-2-1；F1-2-11/F2-3-13	安全管理人员配置	
Z8-2-3；Z14-3-5；Z21-4-6；F2-1-6	安全投入情况	
Z9-2-4；Z15-3-8；Z22-4-5；S5-C2；S43-C3；F1-1-6	安全文化环境	安全环境
Z1-2-6；Z12-3-5；Z20-4-8	安全信息化环境	
F1-1-5；F2-1-4；F2-1-5	安全技术先进性	技术水平
F1-1-4；F1-1-5；F2-1-4	管理方法先进性	
Z1-5-1；Z6-5-3；Z19-3-2	事故数量	事故直接影响
Z2-5-3；Z21-3-8；S4-B1；S60-B1；F2-6-1；F2-6-2	事故伤亡情况	
Z9-5-4；Z15-2-5；S1-B2；S3-B2；F2-6-1；F2-6-2	事故经济损失	
Z1-2-3；Z4-5-3；Z18-4-7	网民关注度	网络舆情影响
Z3-5-5；Z7-5-6；Z21-4-9	公众不满意度	
Z10-5-6；Z11-4-10；Z16-2-7	事件发酵时长	

3.3.2　主轴编码

主轴编码，又被称作关联性编码，主要目的是在开放性编码的基础上，对初始提炼的范畴进行对比分析，理清范畴的内涵并探究其内在关联性，不断归纳、发展出更高层次的主范畴，并展现主范畴与范畴之间的结构关系。范畴之间的关联性一般有因果关系、过程关系、相似关系、功能关系等。

围绕本次研究主题，根据开放性编码的结果，对所提炼出的 14 个范畴进行对比分析。在分析的过程中，我们以挖掘"轴心"，探究关联性，归纳相关范畴为思路，不断确定、优化主范畴，最终发展和归纳出 5 个主范畴，包括：宏观环境、体制制度、监管状态、行业状况、事故影响。详细分析过程如下：

"自然环境""社会经济环境"和"安全环境"均包含"环境"一词，故首先围绕"环境"这一轴心对各个范畴进行分析。根据范畴所对应的原始资料和初始概念不难发现，"自然环境"与"社会经济环境"两个范畴对于区域特种设备安全而言属于外在影响因素；范畴"安全环境"是指特种设备行业的内部安全环境；除此之外，无其他与"环境"相关的范畴。因此，在不明确其他类别范畴的情况下，可将 3 个范畴初步归为一类，命名为"环境状况"。

"监管资源""监管执行"和"监管体制合理性"均包含"监管"一词，故围绕"监管"这一轴心对各个范畴进行分析。通过系统分析发现，"监管资源"与"监管执行"分别体现了特种设备监管的力量和力度；"监管体制合理性"是监管主体高效开展特种设备监管工作的根本条件。与此同时，还有"应急与舆情管理"和"法规体系健全性"两个范畴与"监管"相关。其中，"应急与舆情管理"也是特种设备监管的职责之一，"法规体系健全性"是监管主体行使监督管理权力的基础条件。因此，将"监管体制合理性"和"法规体系健全性"两个条件性范畴合并，归纳为"体制制度"；将"监管资源""监管执行"和"应急与舆情管理"三个衡量监管状态的范畴合并，归纳为"监管状态"。

"作业人员状态""设备状态"和"安全管理状况"三个范畴，体现了区域内特种设备行业各方面的整体状况，故围绕"行业状况"这一轴心对各个范畴进行分析。通过持续分析发现，"技术水平"体现了特种设备行业安全技术先进性和管理方法先进性，同样是衡量特种设备行业状况的因素，结合上文的分析，"安全环境"是指特种设备行业的内部安全环境。因此，将"作业人员状态""设备状态""安全管理状况""安全环境"和"技术水平"5 个范畴合并，归纳为"行业状况"；将剔除"安全环境"范畴后的环境状况，包括"自然环境"和"社会经济环境"两个范畴，优化为"宏观环境"。

"事故直接影响"和"网络舆情影响"均包含"影响"一词，故围绕"影响"这一轴心对各个范畴进行分析。通过再次梳理发现，无其他与"影响"相关的范畴。"事故直接影响"和"网络舆情影响"都是事故发生后对社会造成的影响，一个是直接影响，另一个是间接影响。因此，可将 2 个范畴合并，归纳为"事故影响"。至此，完成对所有范畴的归属划分，共提炼出 5 个主范畴，主轴编码结束。主范畴、范畴及逻辑关系见表3.6。

表 3.6　主轴编码范畴及逻辑关系

主范畴	对应范畴	逻辑关系
宏观环境	自然环境	研究区域的自然环境状态越好，宏观环境的状态越好
	社会经济环境	研究区域的社会经济发展水平越高，宏观环境的状态越好
体制制度	监管体制合理性	研究区域的监管体制越合理，体制制度的状况越好
	法规体系健全性	研究区域的法规体系越健全，体制制度的状况越好
监管状态	监管资源	研究区域的监管资源越丰富，监管状态越好
	监管执行	研究区域的监管执行情况越好，监管状态越好
	应急与舆情管理	研究区域的应急与舆情管理越好，监管状态越好
行业状况	作业人员状态	研究区域的作业人员整体状态越好，行业状况越好
	设备状态	研究区域的特种设备整体状态越好，行业状况越好
	安全管理状况	研究区域的生产/使用单位安全管理状况越好，行业状况越好
	安全环境	研究区域的特种设备行业安全环境越好，行业状况越好
	技术水平	研究区域的特种设备行业技术水平越高，行业状况越好
事故影响	事故直接影响	研究区域的特种设备事故直接影响越大，事故影响越大
	网络舆情影响	研究区域的特种设备事故舆情影响越大，事故影响越大

3.3.3　选择性编码

选择性编码比主轴编码更为抽象、理论化，主要目的是在主轴编码的基础上，进一步对主范畴、范畴间的关系深入分析，提炼出可全面概括所有范畴的核心范畴，并将核心范畴、主范畴和范畴的关系按照故事线的形式展现出来，并加以描述。核心范畴应具备高度的概括和抽象能力，可将所有范畴集中在同一个理论范畴内，为理论模型构建奠定基础。

通过分析，我们将核心范畴确定为"基于监管视角的区域特种设备安全风险要素及机理"。可将围绕核心范畴的"故事线"概述为：宏观环境、体制制度、监管状态、行业状况和事故影响 5 个风险要素共同构成了基于监管视角的区域特种设备安全风险。基于监管视角的区域特种设备安全风险是一种系统性风险，其中宏观环境是系统外部风险要素，体制制度、监管状态、行业状况和事故影响是系统内部风险要素；同时，四个系统内部风险要素之间存在着显著的作用关系。具体关系如表 3.7 所示。

表 3.7　主范畴的典型关系结构

典型关系结构	关系结构的内涵
宏观环境→基于监管视角的区域特种设备安全风险	宏观环境是基于监管视角的区域特种设备安全风险要素之一，是系统外部风险要素

表 3.7（续）

典型关系结构	关系结构的内涵
体制制度→基于监管视角的区域特种设备安全风险	体制制度是基于监管视角的区域特种设备安全风险要素之一，是系统内部风险要素
监管状态→基于监管视角的区域特种设备安全风险	监管状态是基于监管视角的区域特种设备安全风险要素之一，是系统内部风险要素
行业状况→基于监管视角的区域特种设备安全风险	行业状况是基于监管视角的区域特种设备安全风险要素之一，是系统内部风险要素
事故影响→基于监管视角的区域特种设备安全风险	事故影响是基于监管视角的区域特种设备安全风险要素之一，是系统内部风险要素
体制制度→监管状态	体制制度中的监管体制是监管主体行使监督管理职能的基础条件，故而体制制度会对监管状态造成影响
体制制度→行业状况	体制制度中的法规体系对行业不安全状态做出了约束性规定，故而体制制度会对行业状况造成影响
监管状态→行业状况	监督管理是约束行业不安全状态的主要方式，故而监管状态会对行业状况造成影响
行业状况→事故影响	行业不安全状态是造成事故发生的根本原因，故而事故影响的大小会受到行业状况的影响
监管状态→事故影响	监管主体履行应急与舆情管理职责可以降低事故的影响，故而事故影响的大小会受到监管状态的影响

3.4 理论模型及机理分析

3.4.1 风险要素及机理模型构建

1. 理论模型构建

"开放性编码-主轴编码-选择性编码"三级编码的分析基本体现出了理论的雏形。理论模型构建是展现扎根理论研究结果的重要方式，是在三级编码的基础上，围绕着所提炼出的核心范畴（核心理论），根据核心范畴、主范畴和范畴的内在关系，构建立体网络关系，搭建理论模型的过程。

根据上述研究成果，以核心范畴"基于监管视角的区域特种设备安全风险要素及机理"为理论模型构建的目标，参考主范畴的典型关系结构，理清核心范畴、主范畴与范畴间的关系，最终完成了基于监管视角的区域特种设备安全风险要素及机理模型的构建，如图 3.4 所示。

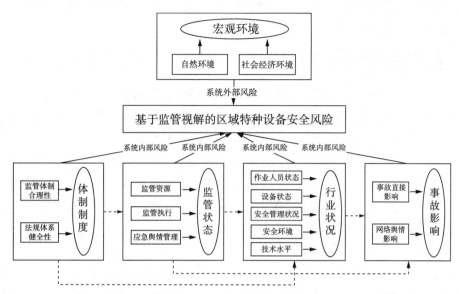

图 3.4　基于监管视角的区域特种设备安全风险要素及机理模型

基于监管视角的区域特种设备安全风险要素及机理模型呈现了宏观环境、体制制度、监管状态、行业状况和事故影响 5 个风险要素及其构成因素；明确了各要素的类别与关系，其中宏观环境是系统外部风险要素，体制制度、监管状态、行业状况和事故影响是系统内部风险要素，体制制度会对监管状态和行业状况造成影响，监管状态会影响行业状况和事故影响，行业状况直接引发事故，并造成影响。风险要素的具体作用机理分析见 3.4.2。

2. 理论饱和度检验

为了验证理论饱和性，我们又随机选取了 10 个事故案例进行了分析，并将剩余的 5 个专家访谈记录按照上述三级编码的方式进行了分析提炼。结果表明，理论模型中所包含的范畴已经发展得十分全面，没有发现除宏观环境、体制制度、监管状况、行业状况和事故影响 5 个主范畴及其子范畴外的其他范畴，范畴之间也没有出现新的关系。因此，可以确认上述"基于监管视角的区域特种设备安全风险要素及机理模型"通过了理论饱和度检验，具有理论的完善性。

3. 信度与效度分析

在运用扎根理论对风险要素进行识别和分析时，参与编码人员一共有 3 名。在相同资料的基础上，借助 Nvivo 软件，3 人分别完成对现有资料的开放性编码分析，进而讨论和补充分析结果，并共同完成主轴编码和选择性编码，保障了研究结果的信度；另外，分析所选取的原始资料较为全面，包括专家访谈资料、事故案例、法律法规三类资料。其中，专家访谈对象均为特种设备领域经验丰富的专家、学者，对研究主题的把握清晰准确，专家访谈资料具有较高的可信度；事故案例和法律法规均源于真实的文本材料，具有较强的真实性。三类资料保障了资料来源的多样性，从不同层面体现了研究对象的本质内容，通过比较分析提高了研究的效度。

3.4.2　风险要素的作用机理分析

通过上述理论分析，可将基于监管视角的区域特种设备安全风险优化定义为：以区域特种设备安全为目标的行动过程中，由于系统外部的宏观环境和系统内部的体制制度、监管状态、行业状况、事故影响等要素的状态与目标利益相悖而引起的实际绩效与预期绩效之间的负向偏差，其中系统内部各要素的状态是监管部门能够通过规制手段进行控制和干预的群体状态。由此可见，基于监管视角的区域特种设备安全风险与现有的特种设备安全风险研究成果相比，其所关注的要素更全面、更宏观。下面将对基于监管视角的区域特种设备安全风险要素进行深入分析，对其作用机理进行阐释。

1. 宏观环境及其作用机理

宏观环境是针对特种设备行业而言的外部环境，是特种设备行业各方主体无法控制的，可能影响区域特种设备安全的客观条件因素，主要包括：自然环境和社会经济环境。如图 3.5 所示。

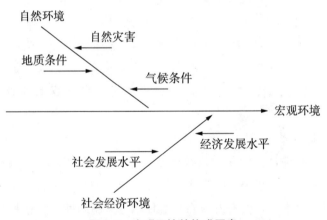

图 3.5　宏观环境的构成因素

自然环境方面，区域特种设备安全主要受到自然灾害、地质条件和气候条件的影响。自然灾害不仅会对人们的生命财产安全造成巨大影响，也会影响到正常的生产作业，特种设备行业也不例外，灾害发生往往会导致设备失效或损坏，正常作业被打断，甚至引发事故；不同的地质条件可能会对特种设备造成不同的影响，例如，高原地区，大气压力下降，可能导致承压设备内外压力差的增大，介质从密封容器中泄漏的概率增大；气候条件同样会对特种设备产生影响，例如，多雨潮湿地区，设备更易腐蚀，若不及时清理维护，造成泄漏，可能会酿成事故。

社会经济环境方面，区域特种设备安全主要受到社会发展水平和经济发展水平的影响。社会发展水平越高，地区整体人员的素质较高，社会的进步性会对区域特种设备安全产生促进作用，反之区域特种设备不安全行为发生的频率越高；经济发展水平越高，地区越有经济实力加大安全监管投入，提升安全技术水平，营造安全文化环境，反之无暇且无力顾及区域特种设备安全状态。

2. 体制制度及其作用机理

体制制度是指与特种设备行业相关的监管体制和法规体系，是影响区域特种设备安全的系统要素之一。监管体制是监管主体高效开展监管工作的基础条件，而法规体系是监管主体依法行使监管权利的主要依据，也是约束行业不安全状态的具体要求。如图 3.6 所示。

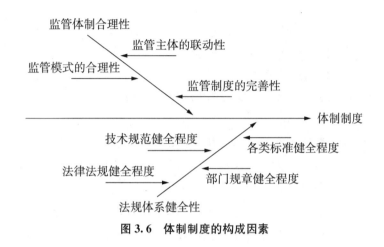

图 3.6　体制制度的构成因素

监管体制的影响主要体现在监管主体的联动性、监管模式的合理性和监管制度的完善性三个方面。目前，我国特种设备监管部门的工作压力很大，未能充分发挥行业协会、公众等其他社会主体的监管作用，且监管部门之间的协同治理能力较弱；监管水平与广大人民群众日益增长的质量安全需求不适应，监管模式急需优化，监管效率有待提高；伴随着特种设备规模的增大，监管中出现了新情况和新问题，监管制度依然不健全，仍需不断完善。监管体制问题会致使监管效能下降，滋长行业内的不安全状态，进而影响区域特种设备安全。

特种设备安全法规体系包括法律法规、部门规章、技术规范、各类标准等四类，是为了保障特种设备安全而制定的规范性文件。若特种设备安全领域缺乏完善的法律规章、法规条款存在差异甚至冲突、规范标准失效或存在漏洞，那么依法监管就难以推行，也无法有效约束特种设备行业的不安全状况、保障区域特种设备安全。

3. 监管状态及其作用机理

监管状态是指政府监管部门和检验机构在行使监管权利、履行责任义务的过程中，所呈现的基本状态，是影响区域特种设备安全的系统要素之一。主要包括：监管资源、监管执行和应急与舆情管理三种状态。如图 3.7 所示。

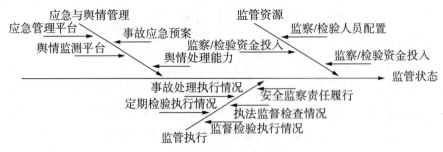

图 3.7 监管状态的因素构成图

　　监管资源是监管执行的基础条件，其影响主要体现在人力资源、财力资源、物力资源三个方面。目前，我国部分地区特种设备安全监察、检验力量与设备快速增长的客观需要不适应。例如，监察和检验人员配置不合理，无法有效履行监管义务；监察和检验资金投入较少，开展工作的资金保障不足；监察和检验硬件条件较差，技术装备不利于监察、检验的实施。

　　监管执行的影响主要体现在监督检验执行、定期检验执行、执法监督检查、事故处理执行、安全监察责任履行五个方面。这五个方面是政府监管的五项职责，涵盖了对特种设备全生命周期的监管，监管执行情况的好坏体现了监管的力度，监管力度越小，行业不安全状态受到的约束越小，越不利于促进区域特种设备安全。

　　应急与舆情管理的影响主要体现在应急管理平台、事故应急预案、舆情监测平台、舆情处理能力四个方面。应急管理平台和事故应急预案是政府监管部门快速响应特种设备事故的基础，舆情监测平台和舆情处理能力是特种设备事故发生后控制网络舆情，引导社会公众，降低事故社会影响的保障。因此，应急与舆情管理职责的履行若存在问题，将不利于降低特种设备事故的负面影响。

　　4. 行业状况及其作用机理

　　行业状况由特种设备行业内部的作业人员状态、设备状态、安全管理状况、安全环境、技术水平构成，是影响区域特种设备安全的系统要素之一。与传统引发事故的四要素"人、机、管、环"不同的是，行业状况中同时考虑了技术水平这个特殊因素。如图 3.8 所示。

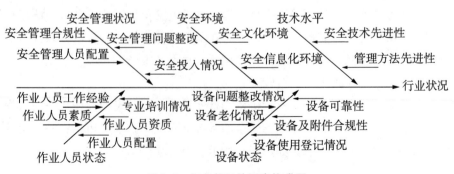

图 3.8 行业状况的因素构成图

作业人员状态的影响主要体现在人员配置、人员素质、人员资质、人员工作经验、专业培训情况五个方面。特种设备作业人员配置不合理，可能会出现疲劳操作的现象，操作失误的可能性增大，导致安全事故发生；特种设备作业人员的基本素质越高，责任意识越强，反之安全意识薄弱，易诱发安全事故；特种设备作业人员资质是上岗作业的基本要求，若不具备资质，专业技术知识不足，很有可能在操作中出现重大失误。事故案例可见，无证上岗引发的安全事故不在少数；特种设备作业人员工作经验越丰富，专业技能越熟练，处理危险事件的能力越强，反之操作失误和未及时、正确消除隐患的可能越大；接受专业培训是特种设备作业人员应长期不断进行的工作任务，缺乏专业培训会导致作业人员的安全意识和安全技能下降，增加了不安全事件发生的概率。

设备状态的影响主要体现在设备使用登记情况、设备老化情况、设备及附件合规性、设备问题整改情况、设备可靠性五个方面。多数特种设备在使用前要进行使用登记，一方面便于设备的管理，另一方面也保证使用设备的正规性，未登记设备往往存在安全问题，因此引发的事故屡见不鲜；设备使用时间越长，其安全系数越低，即使通过了定期检验，若不关注设备老化所带来的安全隐患，进行定期维护，事故也不可避免；设备及附件合规性主要表现为设备及附件的监督检验合格情况和定期检验合格情况，检验结果存在的质量安全问题越多，设备及附件失效的概率越大，引发事故的可能性也越大；发现质量安全问题后，未及时对设备问题进行整改，更加提高了事故的易发性；设备可靠性表现为设备的故障率，故障率越高，说明设备安全运行的时间越短，若不及时进行定期检查，可能会导致设备损毁，甚至发生事故。

安全管理状况的影响体现在安全管理合规性、安全管理问题整改、安全管理人员配置、安全投入情况四个方面。安全管理是保障设备安全运行、消除事故隐患的重要手段，安全管理若存在问题或疏忽，会留下安全隐患；存在安全管理问题而不及时整改，随着时间的积累，安全隐患终会演变成安全事故；特种设备生产和使用单位若未合理配置安全管理人员检查和约束不安全行为，安全问题发生的概率会增高；安全投入情况间接代表了整个行业对安全的重视程度，直接影响着整体安全水平。

安全环境的影响体现在安全文化环境和安全信息化环境两个方面。地区缺乏特种设备安全宣传教育，从业人员的安全认识不足，社会公众的安全意识不够，整体的安全文化氛围会对整个区域特种设备安全状态产生影响；信息化时代的到来，特种设备行业也需要提高安全管理的信息化水平，若安全管理信息化程度不够，就意味着安全管理的效率不高，无法最大化地发挥安全管理的效能，无法有效地避免安全问题的出现。

技术水平的影响体现在安全技术先进性、管理方法先进性两个方面。安全技术主要是通过提升设备安全性能、创新安全操作方法和制定预防事故措施来实现保障特种设备安全的目的，安全技术若比较落后，就很难保障区域特种设备安全；安全管理方法是消除隐患，防止事故发生的具体管理措施和手段，安全管理方法若比较陈旧，消除事故隐患、防止事故发生的能力也就比较弱。

5. 事故影响及其作用机理

事故影响主要分为事故直接影响和事故间接影响，是影响区域特种设备安全的系统要素之一。其中，事故间接影响主要指网络舆情影响，即事故发生后，通过网络舆情的发酵，对社会产生的负面影响。如图 3.9 所示。

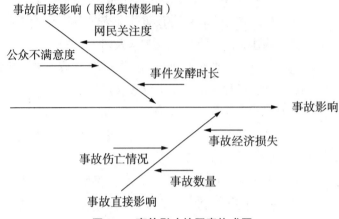

图 3.9 事故影响的因素构成图

事故直接影响主要体现在事故数量、事故伤亡情况、事故经济损失三个方面。一定时间内，事故数量越多，事故伤亡数量越多，事故经济损失越大，说明区域特种设备安全状况越差；事故间接影响（网络舆情影响）主要体现在网民关注度、公众不满意度、事件发酵时长三个方面，事故发生后，网民关注度持续较高，公众满意度偏低，事件的发酵时间过长，说明事故的社会影响较大。

第 4 章　基于监管视角的区域特种设备安全
风险结构关系分析

基于监管视角的区域特种设备安全风险作为一个较为复杂的系统，对系统内部风险结构关系进行深入研究，有助于进一步深入了解其内在机理，为后续风险预警模型的构建奠定基础。本章根据扎根理论的分析结果，构建了基于监管视角的区域特种设备安全风险结构关系模型，建立了风险要素之间的结构关系假设，采用基于偏最小二乘法的结构方程模型（PLS‑SEM）对结构关系模型及假设关系进行了验证和修正，并对实证结果进行了分析。

4.1　基于 PLS‑SEM 的风险结构关系分析思路

4.1.1　基于偏最小二乘法的结构方程模型（PLS‑SEM）

1. 结构方程模型概述

结构方程模型（Structural Equation Modeling，SEM）是一种在社会科学领域广泛应用的多元统计分析方法，普遍应用于处理因果关系，进行路径分析、因子分析、回归分析及方差分析等研究中。对比传统统计分析方法而言，结构方程模型不仅解决了不可直接测量变量的测量问题，且满足了同时考虑、处理和分析多个因变量的研究需求，便于研究者建立、估计和检验变量间的因果关系、路径关系。

结构方程模型中主要包含两种变量，分别是潜变量（Latent Variable，LV）和显变量，显变量又称为测量变量（Manifest Variable，MV）。潜变量是假设性的变量，通常由多个测量变量测量而得，又分为内生潜变量和外生潜变量，外生潜变量在模型不受其他任何一个变量的影响，但影响其他变量，内生潜变量在模型中总会受到一个其他变量的影响；测量变量是可观测变量，可以作为潜变量的指标，通常通过问卷或量表的题项获取测量值。

2. 结构方程基本模型

结构方程模型可分为结构模型（内部模型，Structural Model）和测量模型（外部模型，Measurement Model）两个部分，如图 4.1 所示。

（1）结构模型

结构模型又称为内部模型，主要是对外生潜变量与内生潜变量之间提出一个假设性的因果关系模型，从而对潜变量之间的关系进行描述。结构模型的方程表达式如下：

$$\eta = \gamma\xi + \beta\eta + \zeta$$

其中，η 为内生潜变量组成的向量；ξ 为外生潜变量组成的向量；γ 为外生潜变量对内生潜变量的影响系数；β 为内生潜变量之间的关系；ζ 为内部方程的残差项所组成的向量，反映潜变量 η 在内部方程中剩下的未能被解释的部分。

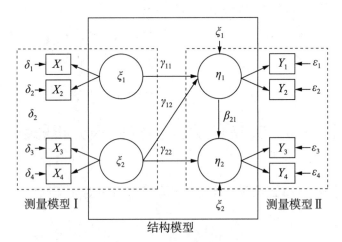

图 4.1　结构方程基本模型

（2）测量模型

测量模型又称外部模型。由于潜变量是无法直接测量的，必须由测量变量对其间接测量，故测量模型主要是用来解释说明潜变量与测量变量之间的关系，可分为两个方程来描述。一个方程式说明潜在内生变量与其测量变量之间的关系，另一个方程式说明潜在外生变量与其测量变量之间的关系。

对于潜在内生变量而言，即测量模型 II，其测量方程如下：

$$Y = \Lambda_y \eta + \varepsilon$$

其中，Y 为内生潜变量的测量变量组成的向量；Λ_y 为内生潜变量与其测量变量之间的关系矩阵；η 为内生潜变量组成的向量；ε 为相应测量变量的误差项。

对于潜在外生变量而言，即测量模型 I，其测量方程式如下：

$$X = \Lambda_x \xi + \delta$$

其中，X 为外生潜变量的测量变量组成的向量；Λ_x 为外生潜变量与其测量变量之间的关系矩阵；ξ 为外生潜变量组成的向量；δ 为相应测量变量的误差项。

3. 反映型模型和构成型模型的区分

测量模型是测量变量对于潜在变量的关联性，存在两种关系：一种是反映型的测量变量；另一种是构成型的测量变量。依据不同种类的测量变量，测量模型可以分为反映型模型（Reflective Model）和构成型模型（Formative Model）两类。图 4.1 所呈现的两个测量模型均为反映型模型。

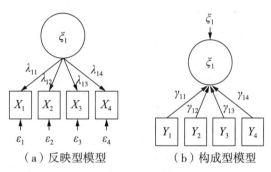

（a）反映型模型　　　　　（b）构成型模型

图 4.2　反映型模型和构成型模型的区分

（1）反映型模型

反映型模型的测量变量可以直接反映或呈现潜变量的状态。因果关系的方向是从潜变量到测量变量，如图 4.2（a）所示。当测量变量改变时，潜变量的概念不会随之变化，当潜变量改变时，会造成测量变量的改变。对于反映型模型，同一潜变量下的测量变量是可换的，且其测量变量之间存在显著相关性，删除其中一个测量变量，不会改变潜变量的概念。图 4.2（a）中反映型模型的方程式如下：

$$X_i = \lambda_{1i}\xi_1 + \varepsilon_i (i = 4)$$

其中，X_i 为第 i 个测量变量；ξ_1 为潜变量；λ_{1i} 为潜变量 ξ_1 在第 i 个测量变量的载荷系数；ε_i 为第 i 个测量变量的误差项。

（2）构成型模型

构成型模型的测量变量组合形成潜变量，定义了潜变量的不同构成维度。因果关系的方向是从测量变量到潜变量，如图 4.2（b）所示。当测量变量改变时，潜变量的概念也随之改变，测量变量之间不存在互换性，且测量变量之间相互独立，不存在显著相关性，删除其中一个测量变量，可能会导致潜变量的概念变化。图 4.2（b）中构成型模型的方程式如下：

$$\xi_1 = \sum_{i=1}^{n} \gamma_{1i}Y_i + \zeta_1 (n = 4)$$

其中，Y_i 为第 i 个测量变量；ξ_1 为潜变量；γ_{1i} 为第 i 个测量变量对潜变量 ξ_1 的期望效果（权重系数）；ζ_1 为潜变量 ξ_1 的误差项；n 为测量变量的个数。

目前，国内外学者在应用结构方程模型处理现实问题时，存在较多的模型设定错误，经常将构成型模型与反映型模型混为一谈，将本应为构成型模型的问题设定为反映型模型。为了理清两种模型的不同，保证模型设定的准确性，本书整理了反映型模型和构成型模型的判定规则如表 4.1 所示。

表 4.1　反映型模型与构成型模型的判定标准[199-203]

判定标准	反映型模型	构成型模型
潜变量的本质	潜变量的存在独立于测量变量	测量变量组合构成潜变量
潜变量与测量变量的关系	潜变量变化引起测量变量变化；测量变量变化不引起潜变量变化	测量变量变化引起潜变量变化
测量变量的特点	测量变量间存在共同方差；测量变量可互换；增加或减少测量变量不会影响潜变量的内涵	测量变量不一定有公共方差；测量变量间不可互换；增加或减少测量变量会影响潜变量的内涵
测量变量题项相关性	测量变量题项高度相关，可以用 cronbach alpha、AVE、因子载荷值等来评价信度	测量变量题项间不一定相关，无信度评价标准
测量变量题项与潜变量间的因果变量关系	测量变量题项和潜变量具有相同的因果变量，可评价内容效度，收敛效度和判别效度	测量变量和潜变量具有不同的因果变量，通过 MIMIC 或引入其他变量来评价效度
测量误差	可用因子分析法来识别测量变量题项误差	单独估计模型时，无法识别测量变量题项误差

本书测量变量根据扎根理论所得，是将同类型概念范畴化的结果，故各个测量变量相互独立，且测量变量组合构成了所属潜变量，故而测量模型应选择构成型模型。

4. 结构方程模型的选择

结构方程模型的参数估计方法主要有两种，分别是基于极大似然估计的协方差结构分析法、基于主成分提取的偏最小二乘估计法。根据参数估计方法的不同，结构方程模型可以分为：基于协方差矩阵的结构方程模型（CB-SEM）和基于偏最小二乘法的结构方程模型（PLS-SEM）两类。

基于协方差矩阵的结构方程模型（CB-SEM）又称为线性结构关系模型[204]，是我们狭义上所指的结构方程模型。基本思路是根据预先设计的理论模型求出测量变量的协方差矩阵，进而选择合适的方法，诸如普通最小二乘法、广义最小二乘法以及极大似然法等来与实际样本的协方差进行拟合。这种方法对样本数量以及数据的分布都有一定的要求，需要对数据进行严格的假定，仅能处理反映型模型，且无法处理构成型模型。常用的软件有 Lisrel，Amos。

近些年，基于偏最小二乘法的结构方程模型（PLS - SEM)[205]不断增多，其中 PLS 被成为"第二代回归方法"，是将主成分分析法与多元回归法相结合的迭代估计方法。基本思路是分别在潜变量和观测变量中提取主成分，然后做潜变量与主成分的回归分析，直到达到满意的结果，以此估算到结构方程的参数。这种方法没有变量遵循正态分布的要求限制，且对于小样本量以及每个潜变量都包含多个显变量的情况，具有较好的一致性和基本一致性，同时能处理反映型模型和构成型模型。常用的软件为 SmartPLS。

本书采用 PLS - SEM 对基于监管视角的区域特种设备安全风险结构关系进行分析。主要有以下几个原因：第一，测量变量数量较多，且分布情况不确定，选择 PLS 分析方法可以避免正态分布的限制；第二，样本调查主体受行业限制，数据量获取不易，样本数量相对较少，PLS 分析方法更为适合分析小样本问题；第三，本书选取的测量变量均为构成型测量变量，需要构建并处理多个构成型模型，而仅有 PLS 分析方法适合于处理构成型模型；第四，采用 SmartPLS 软件进行分析时，Bootstrapping 功能在原始数据基础上，模拟 N 趋于无穷大，将原有样本放大至 100～200 倍，收敛速度非常快，很快能在新数据样本中得到原始数据样本的特征。

4.1.2　风险结构关系分析思路

通过第三章扎根理论的分析，提炼出宏观环境、体制制度、监管状态、行业状况和事故影响 5 个主范畴以及 14 个范畴，另有相关概念 51 个。其中，宏观环境是影响区域特种设备安全的客观条件因素；体制制度、监管状态、行业状况和事故影响是影响区域特种设备安全的系统要素。为了进一步明确系统内部风险因素之间的逻辑关系，验证其作用机理，为后续的研究提供理论基础，本书计划采用 PLS - SEM 对其结构关系进行深入分析。具体分析思路如下。

首先，基于扎根理论的分析结果，对基于监管视角的区域特种设备安全风险中的系统内部风险，包括体制制度、监管状态、行业状况和事故影响及其子因素，进行结构关系分析，并根据其内部结构关系构建模型进行假设；其次，依据风险要素及其子因素确定研究变量，依据扎根理论提炼出的各因素所属相关概念，结合已有研究相关设计测量量表，并按照规范要求完成问卷设计；再次，通过预调研和正式调研，对问卷调查的情况进行描述性统计分析，在确定调查问卷的有效性后，对所构建的模型及假设进行验证，包括对测量模型和结构模型的检验；最后，对未通过检验的模型及假设进行修正，并再一次验证其结果，检验通过后，对实证结果进行分析。基于 PLS - SEM 的风险结构关系分析思路如图4.3 所示。

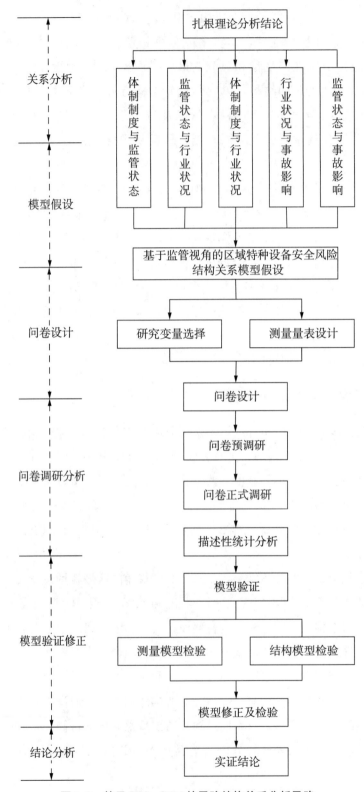

图 4.3　基于 PLS - SEM 的风险结构关系分析思路

4.2　结构关系模型假设

根据第三章扎根理论的分析结果可知，基于监管视角的区域特种设备安全风险是一种系统风险，其中宏观环境是系统外部风险因素，体制制度、监管状态、行业状况和事故影响是系统内部风险因素；同时，四个系统内部风险因素之间存在着显著的作用关系。本章节重点对系统内部风险因素的结构关系进行深入分析，故只针对系统内部风险因素进行关系假设。

4.2.1　区域特种设备安全风险结构关系模型假设

体制制度是监管主体行使监督管理职能的基础条件，故体制制度可能会影响监管状态；监督管理是约束行业不安全状态的主要方式，故监管状态可能会影响行业状况；体制制度对行业不安全状态做出了约束性规定，故体制制度可能会对影响行业状况；行业不安全状态是造成事故发生的直接原因，故事故影响的大小应该会受到行业状况的影响；监管主体履行监管职责可以降低事故的影响，故事故影响的大小应该会受到监管状态的影响。综上所述，构建如图 4.4 结构关系模型，并提出如下假设。

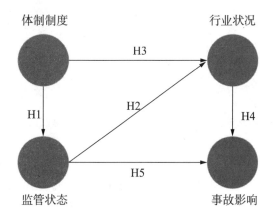

说明：

H1——体制制度对监管状态有显著的正向作用；

H2——监管状态对行业状况有显著的正向作用；

H3——体制制度对行业状况有显著的正向作用；

H4——行业状况对事故影响有显著的负向作用；

H5——监管状态对事故影响有显著的负向作用。

图 4.4　基于监管视角的区域特种设备安全风险结构关系模型

该模型中存在体制制度、监管状态、行业状况、事故影响四个潜变量，不易直接测量，需要选取合适的测量变量。根据扎根理论的分析结果可知，构成四个潜变量的测量变量较多，模型分析所需求的数据量很大，现有调研数据量不足以实现对该模型直接进行分析。故将该模型进行分解性研究，分别对系统内部四个风险因素进行两两之间的关系分析，最终综合两两之间的关系分析结果，验证该模型的合理性，具体假设关系见4.2.2～4.2.6。

4.2.2 体制制度与监管状态的关系模型假设

体制制度包括监管体制合理性和法规体系健全性两个方面；监管状态包括监管资源、监管执行和应急与舆情管理三种状态。根据扎根理论的关系分析可知，体制制度是监管主体行使监督管理职能的基础条件，体制制度应该会对监管状态造成影响。进一步深入分析可以发现，监管体制对监管的各个环节作出了具体要求，引导着监管部门的工作方式和方向，保障监管工作的有效实施，是监管部门开展工作的重要依据；法规体系从法律层面对监管状态作出了规定，严格要求监管部门在一定监管资源条件下，切实履行监督管理及其他管理职责，是依法行使监管权利的需要。综上所述，构建如图4.5结构关系模型，并提出如下假设。

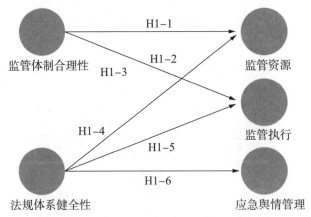

其中：H1-1表示监管体制合理性对监管资源有显著的正向作用；H1-2表示监管体制合理性对监管执行有显著的正向作用；H1-3表示监管体制合理性对应急舆情管理有显著的正向作用；H1-4表示法规体系健全性对监管资源有显著的正向作用；H1-5表示法规体系健全性对监管执行有显著的正向作用；H1-6表示法规体系健全性对应急舆情管理有显著的正向作用。

图4.5 体制制度与监管状态的关系模型

4.2.3 监管状态与行业状况的关系模型假设

监管状态包括监管资源、监管执行和应急与舆情管理三种状态；行业状况由特种设备行业内部的作业人员状态、设备状态、安全管理状况、安全环境、技术水平构成。根据扎根理论的关系分析可知，监督管理是约束行业不安全状态的主要方式，监管状态应该会对行业状况造成影响。进一步深入分析可以发现，监管资源体现了监管的力量，资源越丰富，对行业不安全状态的威慑力越大，行业内的安全状态会有所提升；监管执行体现了监管的力度，执行力度越强，对行业内的不安全状态约束力越大，行业状况越好；应急舆情管理主要针对事故发生后，故对行业状况不产生显著影响。综上所述，构建如图 4.6 结构关系模型，并提出如下假设。

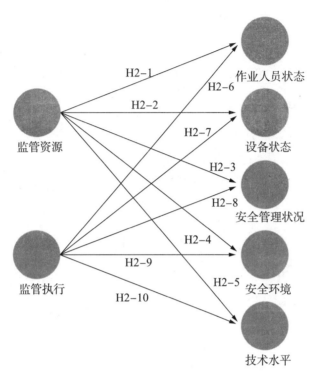

其中，H2-1 表示监管资源对作业人员状态有显著的正向作用；H2-2 表示监管资源对设备状态有显著的正向作用；H2-3 表示监管资源对安全管理状况有显著的正向作用；H2-4 表示监管资源对安全环境有显著的正向作用；H2-5 表示监管资源对技术水平有显著的正向作用；H2-6 表示监管执行对作业人员状态有显著的正向作用；H2-7 表示监管执行对设备状态有显著的正向作用；H2-8 表示监管执行对安全管理状况有显著的正向作用；H2-9 表示监管执行对安全环境有显著的正向作用；H2-10 表示监管执行对技术水平有显著的正向作用。

图 4.6　监管状态与行业状况的关系模型

4.2.4　体制制度与行业状况的关系模型假设

体制制度包括监管体制合理性和法规体系健全性两个方面；行业状况由特种设备行业内部的作业人员状态、设备状态、安全管理状况、安全环境、技术水平构成。根据扎根理论的关系分析可知，体制制度对行业不安全状态做出了约束性规定，体制制度应该会对行业状况造成影响。进一步深入分析可以发现，监管体制合理性体现了监管模式的先进性，先进的监管模式和多元主体的协同治理势必对行业状况产生影响，具有显著的促进作用；

法规体系对行业不安全状况作出了严格的约束，不安全状况发生的责任人会受到处罚，督促了行业内部的自检行为，因此法规体系越健全，行业状况越好。综上所述，构建如图4.7结构关系模型，并提出如下假设。

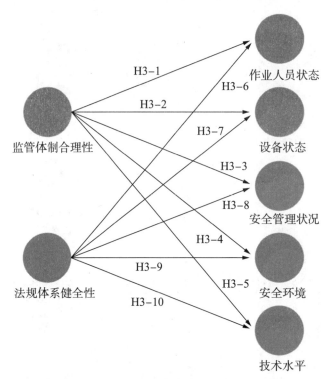

其中，H3-1表示监管体制合理性对作业人员状态有显著的正向作用；H3-2表示监管体制合理性对设备状态有显著的正向作用；H3-3表示监管体制合理性对安全管理状况有显著的正向作用；H3-4表示监管体制合理性对安全环境有显著的正向作用；H3-5表示监管体制合理性对技术水平有显著的正向作用；H3-6表示法规体系健全性对作业人员状态有显著的正向作用；H3-7表示法规体系健全对设备状态有显著的正向作用；H3-8表示法规体系健全对安全管理状况有显著的正向作用；H3-9表示法规体系健全对安全环境有显著的正向作用；H3-10表示法规体系健全对技术水平有显著的正向作用。

图 4.7 体制制度与行业状况的关系模型

4.2.5 行业状况与事故影响的关系模型假设

行业状况由特种设备行业内部的作业人员状态、设备状态、安全管理状况、安全环境、技术水平构成；事故影响主要分为事故直接影响和网络舆情影响。根据扎根理论的关系分析可知，行业不安全状态是造成事故发生的直接原因，事故影响的大小应该会受到行业状况的影响。进一步深入分析可以发现，作业人员状态、设备状态、安全管理状况、安全环境和技术水平的不安全状态都可能是导致事故发生的因素；同样，上述因素的不安全

状态均可能导致网络舆情事件的发生，引发更为严重的社会影响。综上所述，构建如图
4.8 结构关系模型，并提出如下假设。

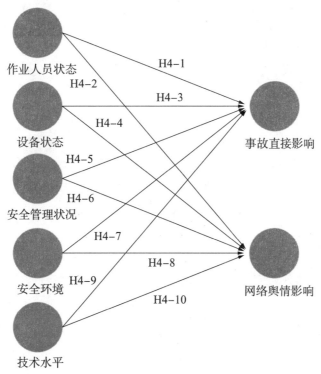

其中，H4-1 表示作业人员状态对事故直接影响有显著的负向作用；H4-2 表示作业人员状态
对网络舆情影响有显著的负向作用；H4-3 表示设备状态对事故直接影响有显著的负向作用；
H4-4 表示设备状态对网络舆情影响有显著的负向作用；H4-5 表示安全管理状况对事故直接
影响有显著的负向作用；H4-6 表示安全管理状况对网络舆情影响有显著的负向作用；H4-7
表示安全环境对事故直接影响有显著的负向作用；H4-8 表示安全环境对网络舆情影响有显著
的负向作用；H4-9 表示技术水平对事故直接影响有显著的负向作用；H4-10 表示技术水平
对网络舆情影响有显著的负向作用。

图 4.8　行业状况与事故影响的关系模型

4.2.6　监管状态与事故影响的关系模型假设

监管状态包括监管资源、监管执行和应急与舆情管理三种状态；事故影响主要分为事
故直接影响和网络舆情影响。根据扎根理论的关系分析可知，监管主体履行监管职责可以
降低事故的影响，事故影响的大小应该会受到监管状态的影响。进一步深入分析可以发
现，监管资源越丰富，监管执行力度越强，有可能使得事故发生的概率越小，应急管理越
及时，处理越得当，有可能控制事故损失；监管资源越丰富、事故处理执行情况越好，舆
情管理越有效，有可能使得网络舆情影响越小。综上所述，构建如图 4.9 结构关系模型，

并提出如下假设。

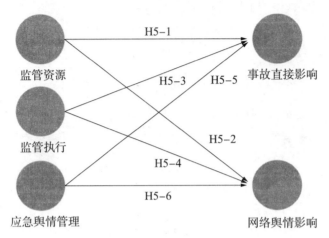

其中，H5-1表示监管资源对事故直接影响有显著的负向作用；H5-2表示监管资源对网络舆情影响有显著的负向作用；H5-3表示监管执行对事故直接影响有显著的负向作用；H5-4表示监管执行对网络舆情影响有显著的负向作用；H5-5表示应急舆情管理对事故直接影响有显著的负向作用；H5-6表示应急舆情管理对网络舆情影响有显著的负向作用。

图4.9 监管状态与事故影响的关系模型

4.3 问卷设计与统计分析

4.3.1 量表设计

该部分是本次问卷设计的核心内容，其总体设计思路是依据第三章扎根理论的分析结果，根据所提炼的基于监管视角的区域特种设备安全风险要素及其子因素，重点针对体制制度、监管状态、行业状况和事故影响四类系统内部风险要素，确定本次问卷调研所需的研究变量（包括测量变量），并根据测量变量设计具体的测量题项。

1. 体制制度维度

根据扎根理论分析结果可知，体制制度包括监管体制合理性和法规体系健全性两个方面。监管体制合理性主要体现在监管主体的联动性、监管模式的合理性和监管制度的完善性三个方面；法规体系健全性包括法律法规、部门规章、技术规范、各类标准等健全性。通过与专家讨论，结合实际研究的需要，借鉴同类研究所设计的题项，设计出体制制度维度研究变量的测量题项，如表4.2所示：

表 4.2　体制制度维度研究变量的测量题项

研究变量	序号	测量题项
监管体制合理性	A1-1	我国特种设备安全监管实现了多主体的合作与协同，联动性很强
	A1-2	我国特种设备安全监管模式满足当前特种设备行业与社会的发展需要
	A1-3	我国特种设备安全监管制度完善，与监管模式的匹配程度高
法规体系健全性	A2-1	当前我国特种设备相关法律法规健全，不存在矛盾和问题
	A2-2	当前我国特种设备相关部门规章健全，不存在矛盾和问题
	A2-3	当前我国特种设备相关技术规范健全，不存在矛盾和问题
	A2-4	当前我国特种设备相关标准健全，不存在矛盾和问题

2. 监管状态维度

根据扎根理论分析结果可知，监管状态包括监管资源、监管执行和应急与舆情管理三种状态。监管资源可以分为人力资源、财力资源、物力资源三个方面；监管执行可以按照职能分为监督检验执行情况、定期检验执行情况、执法监督检查情况、事故处理执行情况、安全监察责任履行五个方面；应急与舆情管理包括应急管理平台、事故应急预案、舆情监测平台、舆情处理能力四个方面。通过与专家讨论，结合实际研究的需要，借鉴同类研究所设计的题项，设计出监管状态维度研究变量的测量题项，如表 4.3 所示：

表 4.3　监管状态维度研究变量的测量题项

研究变量	序号	测量题项
监管资源	B1-1	您所属地区特种设备安全监察及检验人力资源与设备的匹配程度好
	B1-2	您所属地区特种设备安全监察及检验投入资金与设备的匹配程度好
	B1-3	您所属地区特种设备安全监察及检验物力资源与设备的匹配程度好
监管执行	B2-1	您所属地区特种设备制造、安装、改造、重大修理等环节的监督检验执行情况好，监督检验执行率高，很少有未监督检验的设备
	B2-2	您所属地区特种设备的定期检验执行情况好，定期检验率高
	B2-3	您所属地区特种设备的执法监督检查执行情况好，严格按照计划完成了执法监督检查
	B2-4	您所属地区政府对特种设备事故处理执行情况好，事故结案率高
	B2-5	您所属地区监督检验、定期检验、执法监察、事故处理等监管过程很公正，行政执法投诉率低

表 4.3（续）

研究变量	序号	测量题项
应急舆情管理	B3-1	您所属地区有健全的特种设备安全事故应急管理平台并实现了有效应用
	B3-2	您所属地区建立了特种设备安全事故应急预案并定期进行演练
	B3-3	您所属地区有健全的特种设备安全舆情监测平台并实现了有效应用
	B3-4	您所属地区政府具备较强的舆情处理能力

3. 行业状况维度

根据扎根理论分析结果可知，行业状况由特种设备行业内部的作业人员状态、设备状态、安全管理状况、安全环境、技术水平构成。作业人员状态体现在人员配置、人员素质、人员资质、人员工作经验、专业培训情况五个方面；设备状态体现在设备使用登记情况、设备老化情况、设备及附件合规性、设备问题整改情况、设备可靠性五个方面；安全管理状况体现在安全管理合规性、安全管理问题整改、安全管理人员配置、安全投入情况四个方面；安全环境体现在安全文化环境和安全信息化环境两个方面；技术水平体现在安全技术先进性、管理方法先进性两个方面。通过与专家讨论，结合实际研究的需要，借鉴同类研究所设计的题项，设计出行业状况维度研究变量的测量题项，如表 4.4 所示：

表 4.4　行业状况维度研究变量的测量题项

研究变量	序号	测量题项
作业人员状态	C1-1	您所属地区特种设备生产、使用单位的作业人员配置合理
	C1-2	您所属地区特种设备从业人员整体基本素质高
	C1-3	您所属地区特种设备作业人员持证情况良好，基本不存在无证操作
	C1-4	您所属地区特种设备作业人员整体的工作经验丰富
	C1-5	您所属地区特种设备作业人员整体每年所接受专业培训的力度大
设备状态	C2-1	您所属地区应办理登记的设备未进行注册登记的情况基本不存在
	C2-2	您所属地区特种设备整体的老化程度低，老化设备占比低
	C2-3	您所属地区特种设备整体的监督检验和定期检验结果好，检验合格率高，质量安全问题少
	C2-4	您所属地区定期检验和监督检验不合格设备的整改情况良好
	C2-5	您所属地区特种设备整体的设备故障率低
安全管理状况	C3-1	您所属地区特种设备监管机构下达的监察指令少，特种设备生产使用单位的安全问题少
	C3-2	您所属地区监察指令下达后，特种设备生产使用单位安全问题整改率高

表 4.4（续）

研究变量	序号	测量题项
安全管理状况	C3－3	您所属地区特种设备生产、使用单位的安全管理人员配置合理
	C3－4	您所属地区特种设备生产、使用单位整体的安全投入高
安全环境	C4－1	您所属地区安全文化氛围以及相关人员对安全的认知能力好
	C4－2	您所属地区安全信息化发展进程快，安全技术及管理信息化程度好
技术水平	C5－1	您所属地区生产和使用的特种设备先进，安全性能好，安全技术先进
	C5－2	您所属地区各类特种设备相关单位的安全管理方法先进

4. 事故影响维度

根据扎根理论分析结果可知，事故影响主要分为事故直接影响和网络舆情影响。事故直接影响体现在事故数量、事故伤亡情况、事故经济损失三个方面；网络舆情影响体现在网民关注度、公众不满意度、事件发酵时长三个方面。通过与专家讨论，结合实际研究的需要，借鉴同类研究所设计的题项，设计出事故影响维度研究变量的测量题项，如表 4.5 所示：

表 4.5　事故影响维度研究变量的测量题项

研究变量	序号	测量题项
事故直接影响	D1－1	您所属地区万台特种设备发生安全事故的数量少
	D1－2	您所属地区万台特种设备发生安全事故，导致伤亡的数量少
	D1－3	您所属地区万台特种设备发生安全事故，导致的经济损失少
网络舆情影响	D2－1	您所属地区特种设备发生安全事故受到网民的关注度低
	D2－2	您所属地区特种设备发生安全事故所造成的民众不满意度低
	D2－3	您所属地区特种设备安全事故在网络媒体上的发酵时间较短

4.3.2　问卷设计及调研

1. 问卷设计

确定研究变量和测量题项后，按照目标明确、条理清晰、逻辑一致、方便统计的原则，设计了《基于监管视角的区域特种设备安全风险结构关系分析调查问卷》。问卷分为三个部分：

第一部分卷首语。问卷的卷首语一方面表明问卷调查的目的，另一方面表明研究人员的身份立场，并对调查的数据使用及其基础信息的保密性作出承诺。问卷语言要简洁、通俗，语气要谦虚、诚恳，主题要清晰、明确。

第二部分基本信息。基本信息是问卷设计的关键部分，主要目的是搜集被调查者的个人基本信息，其数据用作问卷的描述性统计分析，以此验证问卷调查样本选择的合理性和全面性。本书根据研究的需要，设计了所在省市、工作单位、工作单位属性、从事特种设备相关工作时间、职称、最高学位、年龄等内容。

第三部分地区实际情况评分。此部分是问卷的核心部分，主要目的是调查不同被调查对象所属地区的区域特种设备安全风险因素的状态。针对上述量表设计的结果，依据李克特量表法，要求被调查者从实际出发，根据主观判断，对测量题项所描述情况的符合程度进行选择，完全不符合选1，完全符合选5，依次递增。

另外，需要指出一点："基于监管视角的区域特种设备安全风险"是本次研究中所提出的新概念，为了防止被调查者不理解其概念，与传统风险混淆，影响问卷的填写，故在卷首语末尾处，加入了对"基于监管视角的区域特种设备安全风险"的理论定义和通俗解释，以此保证被调查者能够更加准确地把握问卷调查主题的含义，提高问卷调查所得数据的有效性。

2. 问卷调研

问卷在正式发放、调查前，一般都需要先进行一次小样本的预调研，以此初步判断问卷的科学性和有效性，避免正式调研中产生不必要的资源浪费。本次预调研面向国家层面以及各省市特种设备安全监察人员、检验人员，通过实地调研走访、召开研讨会，在北京、浙江、青海、河南等省（市）共发放纸质问卷50份，并与各级工作人员针对问卷的内容展开深入交流。根据讨论可以确定，问卷中所选择的研究变量（包括测量变量）及其结构比较合理，但问卷存在未设计陷阱题项的问题，被调查人员填写问卷的认真态度无法保证，不能有效排除不可靠的问卷结果，有必要对此进行完善。

结合专家的建议，补充设计陷阱题项，完成修改后，形成正式调查问卷，进行正式调研，正式问卷详细内容见附录B。正式调研对样本的数量要求较多，本次研究采用发放纸质问卷和微信推送两种方式，面向调查主体不仅包括特种设备安全监察局、中国特种设备检测研究院以及各省市特种设备安全监管检验机构的监察人员和检验人员，还包括各地区特种设备行业相关机构的工作人员。问卷调查涉及范围广泛，针对性强，保障了数量和质量。

4.3.3 问卷描述性统计分析

按照上述问卷调研方式，最终共获得问卷332份，根据陷阱题目选择的判定，初步筛选出有效问卷316份。为了进一步保障数据的可靠性和有效性，将从事特种设备相关工作少于5年、学历水平不高于大专水平且职称为初级及以下的问卷剔除，最终确定了288份有效问卷。调查问卷描述性统计分析结果如表4.6所示。

表 4.6　调查问卷描述性统计分析结果

基本信息	分类	初始问卷		有效问卷	
		频数	频率	频数	频率
所在地区	北京	41	12.35%	39	13.54%
	天津	25	7.53%	24	8.33%
	浙江	33	9.94%	32	11.11%
	广东	31	9.34%	29	10.07%
	江苏	26	7.83%	25	8.68%
	山东	28	8.43%	24	8.33%
	辽宁	22	6.63%	19	6.60%
	河南	30	9.04%	23	7.99%
	河北	32	9.64%	25	8.68%
	贵州	29	8.73%	22	7.64%
	青海	35	10.54%	26	9.03%
单位类型	监管机构	139	41.87%	132	45.83%
	检验机构	124	37.35%	97	33.68%
	行业相关机构	69	20.78%	59	20.49%
从事特设工作时间	低于 5 年	34	10.24%	4	1.39%
	5～10 年	133	40.06%	129	44.79%
	11～20 年	128	38.55%	118	40.97%
	高于 20 年	37	11.14%	37	12.85%
专业技术职称	初级及以下	39	11.75%	9	3.13%
	中级	122	36.75%	113	39.24%
	副高	129	38.86%	124	43.05%
	高级	42	12.65%	42	14.58%
最高学历	高中及以下	25	7.53%	0	0.00%
	大专	39	11.75%	26	9.03%
	大学	216	65.06%	213	73.96%
	研究生	52	15.66%	49	17.01%
年龄	25 岁及以下	66	19.88%	43	14.93%
	26～39 岁	97	29.22%	79	27.43%
	40～49 岁	135	40.66%	132	45.83%
	50 岁及以上	34	10.24%	34	11.81%

通过表 4.6 统计分析可知，参与问卷调查的人员主要来自北京、天津、浙江等 11 个省（市）；受调查人员的单位类型以监管机构和检验机构为主，共占有效问卷的 79.51%；98.61% 的受调查人员从事特种设备工作时间在 5 年以上；96.87% 的受调查人员专业技术职称处于中级及以上水平；90.97% 的受调查人员学历处于大学及以上水平；85.07% 的受调查人员年龄大于 26 岁以上。由此可见，有效问卷中受调查人员对特种设备行业的了解程度较高，对问卷中问题的判断能力较强，能够客观准确地回答测量题项的问题，从而为后续研究的科学性、正确性奠定了基础。

4.4　模型验证及修正

本研究需要建立构成型模型，故而运用 SmartPLS 3.0 软件构建结构关系模型，并将所获得的有效问卷数据导入模型，进而通过 PLS 和 PLS Bootstrapping 算法估计各变量间的路径系数，并对模型的显著性进行验证。模型的验证及修正均可从测量模型分析和结构模型分析两个方面进行。

构成型模型的测量模型分析一般需要呈现权重系数、权重的显著性（包括 T 值和 P 值）以及共线性 VIF 值三个方面。权重系数是衡量测量模型中测量变量对潜变量的解释能力，T 值和 P 值代表了其显著性水平，一般情况下要求至少在 10% 的显著性水平下显著；共线性 VIF 值是对模型中测量变量之间存在的相关关系的衡量，一般情况下，$VIF > 5$ 就存在共线性，模型可能存在失真的情况。

构成型模型的结构模型分析一般需要呈现路径系数、路径系数的显著性（包括 T 值和 P 值）以及模型的解释力 R^2 三个方面。路径系数是对结构模型中的各潜变量之间因果关系强度的衡量，T 值和 P 值代表了显著性水平，一般情况下要求至少在 10% 的显著性水平下显著；解释力 R^2 是用来衡量结构模型对内部关系解释效果的重要指标，若所有的内生潜变量的解释力 R^2 所对应的显著水平 P 值均小于 0.01，则模型可以被接受，说明其具备良好的解释效果。

4.4.1　体制制度与监管状态的关系验证及修正

在 SmartPLS 3.0 软件中构建如图 4.5 结构关系模型。通过 PLS 和 PLS Bootstrapping 算法计算可得分析所需的权重系数、共线性 VIF 值、路径系数、解释力 R^2 以及各显著性检验值等，结构关系模型估计与检验结果见图 4.10。下面分别从测量模型和结构模型对体制制度与监管状态的关系进行验证。

1. 测量模型分析

通过计算，各个测量变量的权重系数及显著性、共线性 VIF 值如表 4.7 所示。由表 4.7 可知，所有测量变量的权重系数所对应的 P 值均小于 0.1，且大部分测量变量在 5% 的显著性水平下显著，仅应急管理平台在 10% 的显著性水平下显著，说明测量模型中测量变量对潜变量具有良好的解释能力;共线性 VIF 值均小于 5,说明测量变量之间不存在共线性,测量模型具备准确的估计能力。

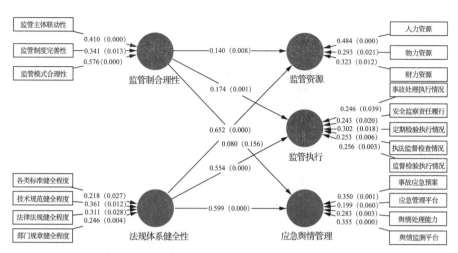

图 4.10 体制制度与监管状态的假设关系模型估计与检验结果

表 4.7 测量变量权重系数及显著性、共线性检验

潜变量	测量变量	权重	T 值	P 值	VIF 值
监管体制合理性	监管主体联动性	0.410	4.184	0.000	1.098
	监管模式合理性	0.576	4.188	0.000	1.350
	监管制度完善性	0.341	2.507	0.013	1.388
法规体系健全性	法律法规健全程度	0.311	2.210	0.028	2.895
	部门规章健全程度	0.246	2.903	0.004	2.079
	技术规范健全程度	0.361	2.526	0.012	3.063
	各类标准健全程度	0.218	2.211	0.027	2.779
监管资源	人力资源	0.484	5.105	0.000	2.287
	财力资源	0.323	2.522	0.012	3.063
	物力资源	0.293	2.309	0.021	3.155
监管执行	监督检验执行情况	0.256	2.997	0.003	1.736
	定期检验执行情况	0.302	2.371	0.018	3.166
	执法监督检查情况	0.253	2.763	0.006	1.885
	事故处理执行情况	0.246	2.072	0.039	1.660
	安全监察责任履行	0.243	2.334	0.020	1.453

表 4.7（续）

潜变量	测量变量	权重	T 值	P 值	VIF 值
应急舆情管理	应急管理平台	0.199	1.882	0.060	2.245
	事故应急预案	0.350	3.241	0.001	1.845
	舆情监测平台	0.355	3.515	0.000	2.330
	舆情处理能力	0.283	3.001	0.003	2.072

2. 结构模型分析

通过计算，各个假设路径关系的路径系数及其显著性检验值如表 4.8 所示。由表 4.8 可知，除 H1-3 路径关系外，其他假设路径关系均在 1‰ 的显著性水平下显著，H1-3 路径系数的显著性检验 P 值大于 0.1，未通过显著性检验，说明监管体制合理性对应急舆情管理不存在显著的因果关系。

表 4.8　假设路径关系系数及显著性检验

假设路径关系	路径系数	T 值	P 值
H1-1 监管体制合理性→监管资源	0.140	2.657	0.008
H1-2 监管体制合理性→监管执行	0.174	3.239	0.001
H1-3 监管体制合理性→应急舆情管理	0.080	1.422	0.156
H1-4 法规体系健全性→监管资源	0.652	16.583	0.000
H1-5 法规体系健全性→监管执行	0.554	14.214	0.000
H1-6 法规体系健全性→应急舆情管理	0.599	13.059	0.000

通过计算，各内生潜变量的解释力 R^2 及其显著性检验值如表 4.9 所示。由表 4.9 可知，所有内生潜变量的解释力 R^2 所对应的显著水平 P 值均小于 0.01，说明模型整体具备良好的解释效果。

表 4.9　对内生潜变量的解释力及显著性检验

内生潜变量	解释力 R^2	T 值	P 值
监管资源	0.541	12.723	0.000
监管执行	0.439	12.109	0.000
应急舆情管理	0.416	7.801	0.000

综合上述 1 和 2 的分析结果可知，测量变量对潜变量具有良好的解释能力，且测量变量间不存在共线性，模型整体解释效果良好，但 H1-3 假设未通过，因此需要修正结构关系，进一步检验并确定新的结构模型。

3. 修正关系分析

将 H1-3 路径关系剔除，即剔除监管体制合理性→应急舆情管理关系，进行计算和检验，可得结构关系模型估计与检验结果见图 4.11。因上述测量模型检验已通过，故仅对新构建的结构模型进行验证分析。

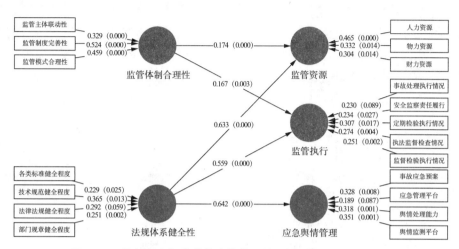

图 4.11　体制制度与监管状态的修正关系模型估计与检验结果

通过计算，各修正后的假设路径关系的路径系数及其显著性检验值如表 4.10 所示。由表 4.10 可知，修正后的假设路径关系均在 1‰ 的显著性水平下显著，说明修正后的假设路径关系均通过检验，存在显著的因果关系。

表 4.10　修正路径关系系数及显著性检验

修正路径关系	路径系数	T 值	P 值
H1-1 监管体制合理性→监管资源	0.174	3.605	0.000
H1-2 监管体制合理性→监管执行	0.167	2.936	0.003
H1-4 法规体系健全性→监管资源	0.633	16.619	0.000
H1-5 法规体系健全性→监管执行	0.559	13.733	0.000
H1-6 法规体系健全性→应急舆情管理	0.642	16.655	0.000

通过计算，各内生潜变量的解释力 R^2 及其显著性检验值如表 4.11 所示。由表 4.11 可知，所有内生潜变量的解释力 R^2 所对应的显著水平 P 值均小于 0.01，说明模型整体具备良好的解释效果。

表 4.11　修正后对内生潜变量的解释力及显著性检验

内生潜变量	解释力 R^2	T 值	P 值
监管资源	0.547	12.646	0.000
监管执行	0.438	12.105	0.000
应急舆情管理	0.412	8.315	0.000

4.4.2 监管状态与行业状况的关系验证及修正

在 SmartPLS 3.0 软件中构建如图 4.6 结构关系模型。通过 PLS 和 PLS Bootstrapping 算法计算可得分析所需的权重系数、共线性 VIF 值、路径系数、解释力 R^2 以及各显著性检验值等，结构关系模型估计与检验结果见图 4.12。下面分别从测量模型和结构模型对监管状态与行业状况的关系进行验证。

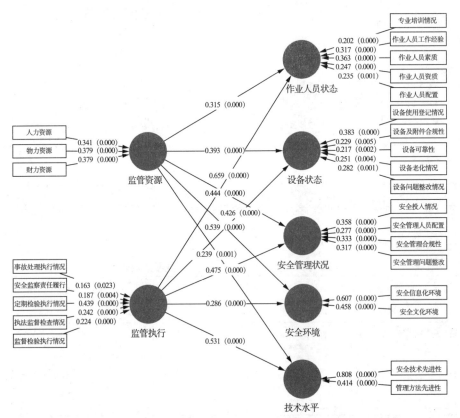

图 4.12　监管状态与行业状况的假设关系模型估计与检验结果

1. 测量模型分析

通过计算，各个测量变量的权重系数及显著性、共线性 VIF 值如表 4.12 所示。由表 4.12 可知，所有测量变量的权重系数所对应的 P 值均小于 0.1，且大部分测量变量在 1% 的显著性水平下显著，仅事故处理执行情况在 5% 的显著性水平下显著，说明测量模型中测量变量对潜变量具有良好的解释能力；共线性 VIF 值均小于 5，说明测量变量之间不存在共线性，测量模型具备准确的估计能力。

表 4.12　测量变量权重系数及显著性、共线性检验

潜变量	测量变量	权重	T 值	P 值	VIF 值
监管资源	人力资源	0.341	6.009	0.000	2.287
	财力资源	0.379	5.165	0.000	3.063
	物力资源	0.379	4.950	0.000	3.155
监管执行	监督检验执行情况	0.224	4.199	0.000	1.736
	定期检验执行情况	0.439	7.343	0.000	3.166
	执法监督检查情况	0.242	4.566	0.000	1.885
	事故处理执行情况	0.163	2.279	0.023	1.660
	安全监察责任履行	0.187	2.925	0.004	1.453
作业人员状态	作业人员配置	0.235	3.499	0.001	1.661
	作业人员素质	0.363	6.807	0.000	2.010
	作业人员资质	0.247	4.521	0.000	1.561
	作业人员工作经验	0.317	5.535	0.000	1.402
	专业培训情况	0.202	3.667	0.000	1.643
设备状态	设备使用登记情况	0.383	4.368	0.000	1.282
	设备老化情况	0.251	2.886	0.004	1.689
	设备及附件合规性	0.229	2.838	0.005	1.530
	设备问题整改情况	0.282	3.494	0.001	1.881
	设备可靠性	0.217	3.319	0.002	1.342
安全管理状况	安全管理合规性	0.333	7.687	0.000	1.730
	安全管理问题整改	0.317	6.716	0.000	1.273
	安全管理人员配置	0.277	3.629	0.000	1.955
	安全投入情况	0.358	5.269	0.000	1.787
安全环境	安全文化环境	0.458	5.151	0.000	2.339
	安全信息化环境	0.607	7.284	0.000	2.339
技术水平	安全技术先进性	0.808	10.700	0.000	1.075
	管理方法先进性	0.414	4.911	0.000	1.075

2. 结构模型分析

通过计算，各个假设路径关系的路径系数及其显著性检验值如表 4.13 所示。由表 4.13 可知，所有假设路径关系均在 1% 的显著性水平下显著，说明假设路径关系均通过检验，存在显著的因果关系。

表 4.13 假设路径关系系数及显著性检验

假设路径关系	路径系数	T 值	P 值
H2-1 监管资源→作业人员状态	0.315	4.431	0.000
H2-2 监管资源→设备状态	0.393	5.876	0.000
H2-3 监管资源→安全管理状况	0.444	6.715	0.000
H2-4 监管资源→安全环境	0.539	9.825	0.000
H2-5 监管资源→技术水平	0.239	3.316	0.001
H2-6 监管执行→作业人员状态	0.659	9.757	0.000
H2-7 监管执行→设备状态	0.426	5.975	0.000
H2-8 监管执行→安全管理状况	0.475	7.309	0.000
H2-9 监管执行→安全环境	0.286	5.146	0.000
H2-10 监管执行→技术水平	0.531	8.227	0.000

通过计算，各内生潜变量的解释力 R^2 及其显著性检验值如表 4.14 所示。由表 4.14 可知，所有内生潜变量的解释力 R^2 所对应的显著水平 P 值均小于 0.01，说明模型整体具备良好的解释效果。

表 4.14 对内生潜变量的解释力及显著性检验

内生潜变量	解释力 R^2	T 值	P 值
作业人员状态	0.825	35.594	0.000
设备状态	0.571	0.587	0.000
安全管理状况	0.718	29.796	0.000
安全环境	0.589	18.637	0.000
技术水平	0.516	14.587	0.000

综合上述 1 和 2 的分析结果可知，测量变量对潜变量具有良好的解释能力，且测量变量间不存在共线性，模型整体解释效果良好，假设路径关系均通过检验，存在显著的因果关系，无需进行模型修正。

4.4.3 体制制度与行业状况的关系验证及修正

在 SmartPLS 3.0 软件中构建如图 4.7 结构关系模型。通过 PLS 和 PLS Bootstrapping 算法计算可得分析所需的权重系数、共线性 VIF 值、路径系数、解释力 R^2 以及各显著性检验值等，结构关系模型估计与检验结果见图 4.13。下面分别从测量模型和结构模型对体制制度与行业状况的关系进行验证。

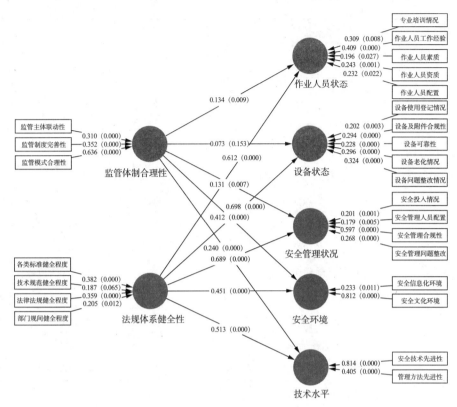

图 4.13　体制制度与行业状况的假设关系模型估计与检验结果

1. 测量模型分析

通过计算，各个测量变量的权重系数及显著性、共线性 VIF 值如表 4.15 所示。由表 4.15 可知，所有测量变量的权重系数所对应的 P 值均小于 0.1，且大部分测量变量在 1% 的显著性水平下显著，仅作业人员配置、作业人员素质在 5% 的显著性水平下显著，技术规范健全程度在 10% 的显著性水平下显著，说明测量模型中测量变量对潜变量具有良好的解释能力；共线性 VIF 值均小于 5，说明测量变量之间不存在共线性，测量模型具备准确的估计能力。

表 4.15　测量变量权重系数及显著性、共线性检验

潜变量	测量变量	权重	T 值	P 值	VIF 值
监管体制合理性	监管主体联动性	0.310	3.404	0.001	1.098
	监管模式合理性	0.636	7.090	0.000	1.350
	监管制度完善性	0.352	4.009	0.000	1.388
法规体系健全性	法律法规健全程度	0.359	4.189	0.000	2.895
	部门规章健全程度	0.205	2.526	0.012	2.079

表 4.15（续）

潜变量	测量变量	权重	T 值	P 值	VIF 值
法规体系健全性	技术规范健全程度	0.187	1.852	0.065	3.063
	各类标准健全程度	0.382	6.428	0.000	2.779
作业人员状态	作业人员配置	0.232	2.292	0.022	1.661
	作业人员素质	0.196	2.214	0.027	2.010
	作业人员资质	0.243	3.383	0.001	1.561
	作业人员工作经验	0.409	4.665	0.000	1.402
	专业培训情况	0.309	2.650	0.008	1.643
设备状态	设备使用登记情况	0.202	2.996	0.003	1.282
	设备老化情况	0.296	3.977	0.000	1.689
	设备及附件合规性	0.294	3.844	0.000	1.530
	设备问题整改情况	0.324	4.329	0.000	1.881
	设备可靠性	0.228	4.123	0.000	1.342
安全管理状况	安全管理合规性	0.597	8.166	0.000	1.730
	安全管理问题整改	0.268	3.825	0.000	1.273
	安全管理人员配置	0.179	2.847	0.005	1.955
	安全投入情况	0.201	3.430	0.001	1.787
安全环境	安全文化环境	0.812	10.501	0.000	2.339
	安全信息化环境	0.233	2.567	0.011	2.339
技术水平	安全技术先进性	0.814	11.855	0.000	1.075
	管理方法先进性	0.405	5.119	0.000	1.075

2. 结构模型分析

通过计算，各个假设路径关系的路径系数及其显著性检验值如表 4.16 所示。由表 4.16 可知，除 H3-2 路径关系外，其他假设路径关系均在 1‰ 的显著性水平下显著，H3-2 路径系数的显著性检验 P 值大于 0.1，未通过显著性检验，说明监管体制合理性对设备状态不存在显著的因果关系。

表 4.16 假设路径关系系数及显著性检验

假设路径关系	路径系数	T 值	P 值
H3-1 监管体制合理性→作业人员状态	0.134	2.608	0.009
H3-2 监管体制合理性→设备状态	0.073	1.432	0.153
H3-3 监管体制合理性→安全管理状况	0.131	2.712	0.007

表 4.16（续）

假设路径关系	路径系数	T 值	P 值
H3-4 监管体制合理性→安全环境	0.412	7.041	0.000
H3-5 监管体制合理性→技术水平	0.240	4.158	0.000
H3-6 法规体系健全性→作业人员状态	0.612	17.260	0.000
H3-7 法规体系健全性→设备状态	0.698	17.865	0.000
H3-8 法规体系健全性→安全管理状况	0.689	20.922	0.000
H3-9 法规体系健全性→安全环境	0.451	7.698	0.000
H3-10 法规体系健全性→技术水平	0.513	7.758	0.000

通过计算，各内生潜变量的解释力 R^2 及其显著性检验值如表 4.17 所示。由表 4.17 可知，所有内生潜变量的解释力 R^2 所对应的显著水平 P 值均小于 0.01，说明模型整体具备良好的解释效果。

表 4.17 对内生潜变量的解释力及显著性检验

内生潜变量	解释力 R^2	T 值	P 值
作业人员状态	0.475	11.536	0.000
设备状态	0.543	14.699	0.000
安全管理状况	0.581	15.928	0.000
安全环境	0.560	14.589	0.000
技术水平	0.444	9.474	0.000

综合上述 1 和 2 的分析结果可知，测量变量对潜变量具有良好的解释能力，且测量变量间不存在共线性，模型整体解释效果良好，但 H3-2 假设未通过，因此需要修正结构关系，进一步检验并确定新的结构模型。

3. 修正关系分析

将 H3-2 路径关系剔除，即剔除监管体制合理性→设备状态关系，进行计算和检验，可得结构关系模型估计与检验结果见图 4.14。因上述测量模型检验已通过，故仅对新构建的结构模型进行验证分析。

通过计算，各修正后的假设路径关系的路径系数及其显著性检验值如表 4.18 所示。由表 4.18 可知，修正后的假设路径关系均在 1% 的显著性水平下显著，说明修正后的假设路径关系均通过检验，存在显著的因果关系。

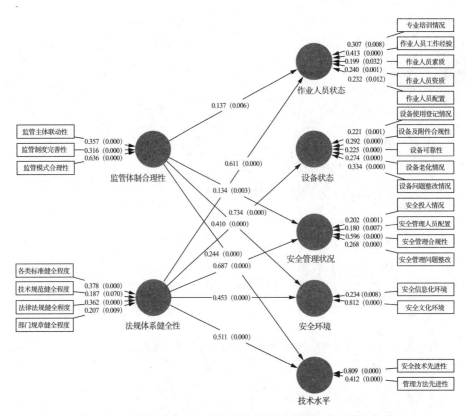

图 4.14   体制制度与行业状况的修正关系模型估计与检验结果

表 4.18   修正路径关系系数及显著性检验

修正路径关系	路径系数	T 值	P 值
H3-1 监管体制合理性→作业人员状态	0.137	2.765	0.006
H3-3 监管体制合理性→安全管理状况	0.134	2.953	0.003
H3-4 监管体制合理性→安全环境	0.410	7.125	0.000
H3-5 监管体制合理性→技术水平	0.244	4.323	0.000
H3-6 法规体系健全性→作业人员状态	0.611	18.354	0.000
H3-7 法规体系健全性→设备状态	0.734	27.507	0.000
H3-8 法规体系健全性→安全管理状况	0.687	21.638	0.000
H3-9 法规体系健全性→安全环境	0.453	7.875	0.000
H3-10 法规体系健全性→技术水平	0.511	7.717	0.000

通过计算，各内生潜变量的解释力 R^2 及其显著性检验值如表 4.19 所示。由表 4.19 可知，所有内生潜变量的解释力 R^2 所对应的显著水平 P 值均小于 0.01，说明模型整体具备良好的解释效果。

表 4.19　修正后对内生潜变量的解释力及显著性检验

内生潜变量	解释力 R^2	T 值	P 值
作业人员状态	0.475	11.517	0.000
设备状态	0.539	13.796	0.000
安全管理状况	0.582	17.013	0.000
安全环境	0.559	15.384	0.000
技术水平	0.446	9.464	0.000

4.4.4　行业状况与事故影响的关系验证及修正

在 SmartPLS 3.0 软件中构建如图 4.8 结构关系模型。通过 PLS 和 PLS Bootstrapping 算法计算可得分析所需的权重系数、共线性 VIF 值、路径系数、解释力 R^2 及各显著性检验值等，结构关系模型估计与检验结果见图 4.15。下面分别从测量模型和结构模型对行业状况与事故影响的关系进行验证。

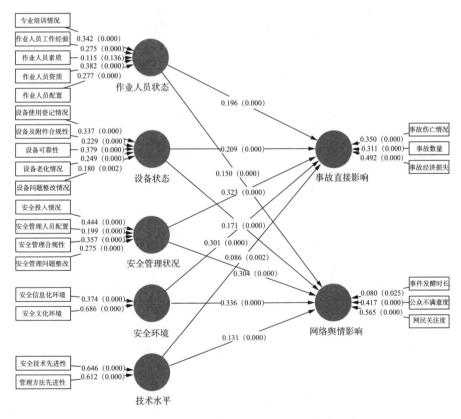

图 4.15　行业状况与事故影响的假设关系模型估计与检验结果

1. 测量模型分析

通过计算，各个测量变量的权重系数及显著性、共线性 VIF 值如表 4.20 所示。由表

4.20可知，除作业人员素质以外，其他测量变量的权重系数所对应的P值均小于0.1，且大部分测量变量在1%的显著性水平下显著，仅事件发酵时长在5%的显著性水平下显著，说明测量模型中测量变量对潜变量具有良好的解释能力，虽然作业人员素质在该测量模型中的显著性不高，但在4.4.2和4.4.3中均显著，故将其保留；共线性VIF值均小于5，说明测量变量之间不存在共线性，测量模型具备准确的估计能力。

表4.20 测量变量权重系数及显著性、共线性检验

潜变量	测量变量	权重	T值	P值	VIF值
作业人员状态	作业人员配置	0.277	4.687	0.000	1.661
	作业人员素质	0.115	1.493	0.136	2.010
	作业人员资质	0.382	6.784	0.000	1.561
	作业人员工作经验	0.275	4.941	0.000	1.402
	专业培训情况	0.342	5.901	0.000	1.643
设备状态	设备使用登记情况	0.337	6.890	0.000	1.282
	设备老化情况	0.249	4.936	0.000	1.689
	设备及附件合规性	0.229	6.067	0.000	1.530
	设备问题整改情况	0.180	3.163	0.002	1.881
	设备可靠性	0.379	10.027	0.000	1.342
安全管理状况	安全管理合规性	0.357	11.764	0.000	1.730
	安全管理问题整改	0.275	8.417	0.000	1.273
	安全管理人员配置	0.199	4.841	0.000	1.955
	安全投入情况	0.444	9.176	0.000	1.787
安全环境	安全文化环境	0.686	15.199	0.000	2.339
	安全信息化环境	0.374	7.711	0.000	2.339
技术水平	安全技术先进性	0.646	10.707	0.000	1.075
	管理方法先进性	0.612	14.554	0.000	1.075
事故直接影响	事故数量	0.311	9.128	0.000	2.032
	事故伤亡情况	0.350	9.934	0.000	1.847
	事故经济损失	0.492	13.375	0.000	1.900
网络舆情影响	网民关注度	0.565	13.949	0.000	3.308
	公众不满意度	0.417	8.045	0.000	4.244
	事件发酵时长	0.080	2.249	0.025	2.171

2. 结构模型分析

通过计算，各个假设路径关系的路径系数及其显著性检验值如表 4.21 所示。由表 4.21 可知，所有假设路径关系均在 1% 的显著性水平下显著，说明假设路径关系均通过检验，存在显著的因果关系。

表 4.21　假设路径关系系数及显著性检验

假设路径关系	路径系数	T 值	P 值
H4‐1 作业人员状态→事故直接影响	0.196	6.510	0.000
H4‐2 作业人员状态→网络舆情影响	0.150	6.754	0.000
H4‐3 设备状态→事故直接影响	0.209	7.817	0.000
H4‐4 设备状态→网络舆情影响	0.171	5.340	0.000
H4‐5 安全管理状况→事故直接影响	0.323	16.013	0.000
H4‐6 安全管理状况→网络舆情影响	0.304	9.117	0.000
H4‐7 安全环境→事故直接影响	0.301	11.865	0.000
H4‐8 安全环境→网络舆情影响	0.336	9.126	0.000
H4‐9 技术水平→事故直接影响	0.086	3.187	0.002
H4‐10 技术水平→网络舆情影响	0.131	4.212	0.000

通过计算，各内生潜变量的解释力 R^2 及其显著性检验值如表 4.22 所示。由表 4.22 可知，所有内生潜变量的解释力 R^2 所对应的显著水平 P 值均小于 0.01，说明模型整体具备良好的解释效果。

表 4.22　对内生潜变量的解释力及显著性检验

内生潜变量	解释力 R^2	T 值	P 值
事故直接影响	0.968	292.573	0.000
网络舆情影响	0.932	104.975	0.000

综合上述 1 和 2 的分析结果可知，测量变量对潜变量具有良好的解释能力，且测量变量间不存在共线性，模型整体解释效果良好，假设路径关系均通过检验，存在显著的因果关系，无需进行模型修正。

4.4.5 监管状态与事故影响的关系验证及修正

在 SmartPLS 3.0 软件中构建如图 4.9 结构关系模型。通过 PLS 和 PLS Bootstrapping 算法计算可得分析所需的权重系数、共线性 VIF 值、路径系数、解释力 R^2 以及各显著性检验值等，结构关系模型估计与检验结果见图 4.16。下面分别从测量模型和结构模型对监管状态与事故影响的关系进行验证。

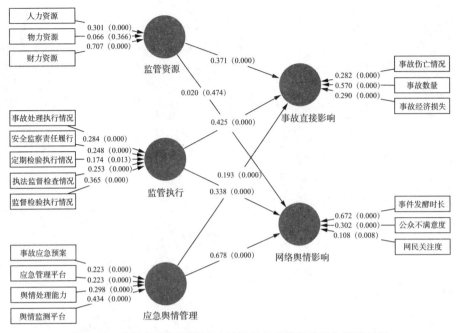

图 4.16　监管状态与事故影响的假设关系模型估计与检验结果

1. 测量模型分析

通过计算，各个测量变量的权重系数及显著性、共线性 VIF 值如表 4.23 所示。由表 4.23 可知，除物力资源以外，其他测量变量的权重系数所对应的 P 值均小于 0.1，且大部分测量变量在 1% 的显著性水平下显著，说明测量模型中测量变量对潜变量具有良好的解释能力，虽然物力资源在该测量模型中的显著性不高，但在 4.4.1 和 4.4.2 中均显著，故将其保留；共线性 VIF 值均小于 5，说明测量变量之间不存在共线性，测量模型具备准确的估计能力。

表 4.23　测量变量权重系数及显著性、共线性检验

潜变量	测量变量	权重	T 值	P 值	VIF 值
监管资源	人力资源	0.301	5.690	0.000	2.287
	财力资源	0.707	12.853	0.000	3.063
	物力资源	0.066	0.904	0.366	3.155
监管执行	监督检验执行情况	0.365	8.412	0.000	1.736
	定期检验执行情况	0.175	2.501	0.013	3.166
	执法监督检查情况	0.253	4.599	0.000	1.885
	事故处理执行情况	0.284	6.157	0.000	1.660
	安全监察责任履行	0.248	5.049	0.000	1.453

表 4.23（续）

潜变量	测量变量	权重	T 值	P 值	VIF 值
应急舆情管理	应急管理平台	0.223	5.489	0.000	2.245
	事故应急预案	0.223	7.021	0.000	1.845
	舆情监测平台	0.434	11.756	0.000	2.330
	舆情处理能力	0.298	8.410	0.000	2.072
事故直接影响	事故数量	0.570	11.567	0.000	2.032
	事故伤亡情况	0.282	5.146	0.000	1.847
	事故经济损失	0.290	7.200	0.000	1.900
网络舆情影响	网民关注度	0.108	2.657	0.008	3.308
	公众不满意度	0.302	5.838	0.000	4.244
	事件发酵时长	0.672	22.565	0.000	2.171

2. 结构模型分析

通过计算，各个假设路径关系的路径系数及其显著性检验值如表 4.24 所示。由表 4.24 可知，除 H5 - 2 路径关系外，其他假设路径关系均在 1% 的显著性水平下显著，H5 - 2 路径系数的显著性检验 P 值大于 0.1，未通过显著性检验，说明监管资源对网络舆情影响不存在显著的因果关系。

表 4.24　假设路径关系系数及显著性检验

假设路径关系	路径系数	T 值	P 值
H5 - 1 监管资源→事故直接影响	0.371	6.841	0.000
H5 - 2 监管资源→网络舆情影响	0.020	0.717	0.474
H5 - 3 监管执行→事故直接影响	0.425	10.522	0.000
H5 - 4 监管执行→网络舆情影响	0.338	16.296	0.000
H5 - 5 应急舆情管理→事故直接影响	0.193	3.716	0.000
H5 - 6 应急舆情管理→网络舆情影响	0.678	25.882	0.000

通过计算，各内生潜变量的解释力 R^2 及其显著性检验值如表 4.25 所示。由表 4.25 可知，所有内生潜变量的解释力 R^2 所对应的显著水平 P 值均小于 0.01，说明模型整体具备良好的解释效果。

表 4.25　对内生潜变量的解释力及显著性检验

内生潜变量	解释力 R^2	T 值	P 值
事故直接影响	0.801	44.365	0.000
网络舆情影响	0.940	148.221	0.000

综合上述 1 和 2 的分析结果可知，测量变量对潜变量具有良好的解释能力，且测量变量间不存在共线性，模型整体解释效果良好，但 H5-2 假设未通过，因此需要修正结构关系，进一步检验并确定新的结构模型。

3. 修正关系分析

将 H3-2 路径关系剔除，即剔除监管资源→网络舆情影响关系，进行计算和检验，可得结构关系模型估计与检验结果见图 4.17。因上述测量模型检验已通过，故仅对新构建的结构模型进行验证分析。

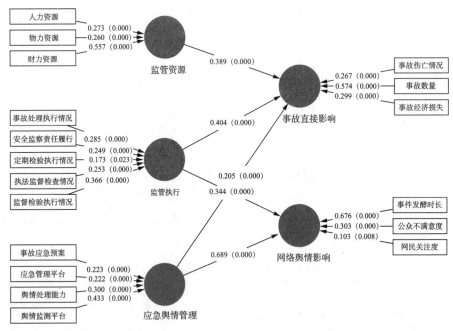

图 4.17 监管状态与事故影响的修正关系模型估计与检验结果

通过计算，各修正后的假设路径关系的路径系数及其显著性检验值如表 4.26 所示。由表 4.26 可知，修正后的假设路径关系均在 1% 的显著性水平下显著，说明修正后的假设路径关系均通过检验，存在显著的因果关系。

表 4.26 修正路径关系系数及显著性检验

修正路径关系	路径系数	T 值	P 值
H5-1 监管资源→事故直接影响	0.389	7.697	0.000
H5-3 监管执行→事故直接影响	0.404	10.761	0.000
H5-4 监管执行→网络舆情影响	0.344	17.248	0.000
H5-5 应急舆情管理→事故直接影响	0.205	4.662	0.000
H5-6 应急舆情管理→网络舆情影响	0.689	38.757	0.000

通过计算，各内生潜变量的解释力 R^2 及其显著性检验值如表 4.27 所示。由表 4.27 可知，所有内生潜变量的解释力 R^2 所对应的显著水平 P 值均小于 0.01，说明模型整体具备良好的解释效果。

表 4.27　修正后对内生潜变量的解释力及显著性检验

内生潜变量	解释力 R^2	T 值	P 值
事故直接影响	0.810	43.923	0.000
网络舆情影响	0.940	143.506	0.000

4.5　实证结果分析

4.5.1　风险因素选择分析

通过上述 5 个关系模型的测量模型分析结果可知，各测量模型中测量变量对潜变量具有良好的解释能力，且测量变量之间不存在共线性，测量模型具备准确的估计能力，由此说明测量变量的选择较为合理，可以有效地衡量潜变量。根据 4.3.1 中量表设计的过程可知，测量变量的选取参考了第 3 章扎根理论的分析结果，由此可以再次证明扎根理论分析结果准确性，说明其概念到范畴的提炼过程科学合理，系统内部风险体系完整。

4.5.2　风险结构关系分析

通过对风险结构关系模型的假设、验证和修正，可汇总得到以下检验结果，如表 4.28 所示。

表 4.28　假设检验结果汇总表

序号	假设	检验结果
H1	**体制制度对监管状态有显著的正向作用**	**通过**
H1-1	监管体制合理性对监管资源有显著的正向作用	通过
H1-2	监管体制合理性对监管执行有显著的正向作用	通过
H1-3	监管体制合理性对应急舆情管理有显著的正向作用	不通过
H1-4	法规体系健全性对监管资源有显著的正向作用	通过
H1-5	法规体系健全性对监管执行有显著的正向作用	通过
H1-6	法规体系健全性对应急舆情管理有显著的正向作用	通过
H2	**监管状态对行业状况有显著的正向作用**	**通过**
H2-1	监管资源对作业人员状态有显著的正向作用	通过

表 4.28（续）

序号	假设	检验结果
H2-2	监管资源对设备状态有显著的正向作用	通过
H2-3	监管资源对安全管理状况有显著的正向作用	通过
H2-4	监管资源对安全环境有显著的正向作用	通过
H2-5	监管资源对技术水平有显著的正向作用	通过
H2-6	监管执行对作业人员状态有显著的正向作用	通过
H2-7	监管执行对设备状态有显著的正向作用	通过
H2-8	监管执行对安全管理状况有显著的正向作用	通过
H2-9	监管执行对安全环境有显著的正向作用	通过
H2-10	监管执行对技术水平有显著的正向作用	通过
H3	**体制制度对行业状况有显著的正向作用**	**通过**
H3-1	监管体制合理性对作业人员状态有显著的正向作用	通过
H3-2	监管体制合理性对设备状态有显著的正向作用	不通过
H3-3	监管体制合理性对安全管理状况有显著的正向作用	通过
H3-4	监管体制合理性对安全环境有显著的正向作用	通过
H3-5	监管体制合理性对技术水平有显著的正向作用	通过
H3-6	法规体系健全性对作业人员状态有显著的正向作用	通过
H3-7	法规体系健全对设备状态有显著的正向作用	通过
H3-8	法规体系健全对安全管理状况有显著的正向作用	通过
H3-9	法规体系健全对安全环境有显著的正向作用	通过
H3-10	法规体系健全对技术水平有显著的正向作用	通过
H4	**行业状况对事故影响有显著的负向作用**	**通过**
H4-1	作业人员状态对事故直接影响有显著的负向作用	通过
H4-2	作业人员状态对网络舆情影响有显著的负向作用	通过
H4-3	设备状态对事故直接影响有显著的负向作用	通过
H4-4	设备状态对网络舆情影响有显著的负向作用	通过
H4-5	安全管理状况对事故直接影响有显著的负向作用	通过
H4-6	安全管理状况对网络舆情影响有显著的负向作用	通过
H4-7	安全环境对事故直接影响有显著的负向作用	通过
H4-8	安全环境对网络舆情影响有显著的负向作用	通过
H4-9	技术水平对事故直接影响有显著的负向作用	通过
H4-10	技术水平对网络舆情影响有显著的负向作用	通过

表 4.28（续）

序号	假设	检验结果
H5	**监管状态对事故影响有显著的负向作用**	**通过**
H5-1	监管资源对事故直接影响有显著的负向作用	通过
H5-2	监管资源对网络舆情影响有显著的负向作用	不通过
H5-3	监管执行对事故直接影响有显著的负向作用	通过
H5-4	监管执行对网络舆情影响有显著的负向作用	通过
H5-5	应急舆情管理对事故直接影响有显著的负向作用	通过

对上述检验结果进行分析，可得到以下结论：

（1）在风险结构关系模型的分析中，虽然有个别假设关系未通过检验。但整体来看，体制制度对监管状态和行业状况有显著的正向作用；监管状态对行业状况有显著的正向作用，对事故影响有显著的负向作用；行业状况对事故影响有显著的负向作用。由此验证了第 3 章扎根理论的分析结果，说明其主范畴的典型关系结构分析符合实际情况。

（2）在各因素之间的关系分析中，有个别假设关系未通过检验，可以确定监管体制合理性对应急舆情管理无显著的影响作用、监管体制合理性对设备状态无显著的影响作用、监管资源对网络舆情影响无显著的影响作用。由此推理其原因有三个：一是应急与舆情管理是政府部门特种设备安全监管职责外的管理职责，面向所有行业，不只针对特种设备，因此，特种设备安全监管体制的改革对应急舆情管理的影响较小；二是监管体制体现在监管的主体、制度和模式，主要针对政府监管部门，与法规体系不同，其未对设备状态作出明确规定，故对设备状态没有明显的影响；三是此处的监管资源主要指特种设备安全监管资源，并不包括应急与舆情管理的资源，因而网络舆情影响的大小不受其影响。

（3）除上述三个假设关系未通过检验外，其他各风险因素之间的假设关系均通过显著性检验，因果关系明显，印证了假设推理的原因。通过上述研究与分析确定了系统内部风险因素之间的路径关系，为后续构建典型 ANP 网络结构图、测算指标权重奠定了基础。

第5章　基于监管视角的区域特种设备安全风险预警模型构建

本章根据扎根理论的分析结果，按照核心范畴、主范畴、范畴、概念的层次划分及各层级要素，结合专家的意见，构建了基于监管视角的区域特种设备安全风险预警指标体系，并根据 PLS-SEM 对风险结构关系的分析结果，设计了基于网络层次分析法（ANP）的指标权重计算方法，结合正态曲线法，采用云模型（Could Model，CM）构建了风险预警模型。

5.1　基于 SEM-ANP-CM 的风险预警模型构建思路

5.1.1　网络层次分析法（ANP）

1. 网络层次分析法概述

在决策科学研究领域内，层次分析法（AHP）是一种常见、实用且便捷的分析工具，尤其是在因素重要性程度分析、指标权重划分等方面应用较多。层次分析法的主要原理是：决策者或专家根据自身的经验对相关因素进行分析，进而构建比较矩阵进行判断，最终根据矩阵计算结果做出相对应的决策。虽然层次分析法目前能够快速的解决常见系统决策问题，但其本身也存在短板和局限性，它对研究因素之间的关系假定为相互独立且完全受上级因素的支配，故当研究对象为复杂相关系统时，若采用该方法运算，会存在决策的不准确性。

随着决策问题复杂程度的不断增高，层次分析法不再能够满足复杂问题分析的需要，因此网络层次分析法（ANP）应运而生[206]。网络层次分析法由 Thomas L. Saaty 教授于 1996 年提出，是在层次分析法的基础上，充分考虑各因素及相邻层次之间的相互影响作用，通过直接优势度和间接优势度构建元素间的比较矩阵，利用"超矩阵"对各因素进行分析从而得出局部权重和全局权重的决策分析方法，该方法是对层次分析法的延伸扩展，层次分析法是其特殊情况。网络层次分析法能够处理相互影响的因素的特点，受到越来越多研究者的青睐，逐渐成为解决复杂决策问题的有效方法[207-210]。

2. ANP 的具体分析步骤

（1）确定目标层和准则层

明确分析目标，对所要研究的问题进行系统的分析，将目标问题进行要素分解，以此确定目标层和准则层。

（2）建立 ANP 的典型网络

进一步深入分析目标问题，将准则层的要素进行细分形成网络层的元素，并通过专家组填表或会议讨论的方式对网络层的元素组及元素间的相关关系进行分析，将目标层和准则层划分为控制层，以此建立 ANP 的典型网络。典型网络结构图如图 5.1 所示。

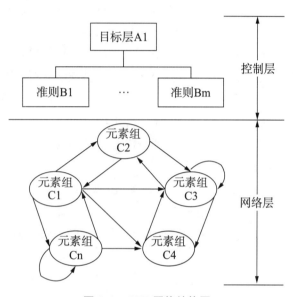

图 5.1　ANP 网络结构图

（3）构建并计算判断矩阵

在构建判断矩阵方面，ANP 与传统 AHP 的构建思路相同，即将网络层的元素组及元素根据其相对于某一准则的重要程度进行两两比较，以此构建判断矩阵。专家组根据所构建的判断矩阵，依据自身的经验和直观感受，按照 9 级标度法对元素组及元素进行两两比较，最后根据判断矩阵计算权重向量，并进行一致性检验。

（4）构建并计算超矩阵得到权重

首先，基于两两判断矩阵，将全部元素组及元素按照一定顺序，依次填入一个矩阵中，形成超级矩阵；其次，按照超级矩阵中的非 0 子块对上层元素集的重要性进行两两比较，得到判断矩阵，以此对超级矩阵进行加权计算，形成加权超矩阵；最后，使用幂法对加权超矩阵求极限，直到矩阵各列向量保持不变、呈现稳定状态为止，每行相同的数值即为各元素的权重。

3. 采用 ANP 赋权法的原因

基于监管视角的区域特种设备安全风险是一个复杂系统，根据第 3、4 章的分析可知，风险因素之间存在特定的影响关系，如果运用传统 AHP 的方法，就无法剔除风险因素间关系对权重的影响作用。ANP 的结构具有多样性，可以构建网络结构关系，能够较好的描述实际复杂系统的结构，故而采用该方法进行权重的计算更具有说服力。与此同时，第四章对风险结构关系的分析,可以为 ANP 提供准确的影响路径关系,可以消除一定的主观性。因此,在该情况下采用 ANP 赋权法能更客观地对复杂系统进行评价。

5.1.2 云模型（Cloud Model）

1. 云模型及数字特征

随机性和模糊性是自然语言中概念的两个重要特征,在对概念进行不确定性的处理时也必须考虑随机性和模糊性两个方面。云模型由我国李德毅院士提出,是在概率论和模糊数学等理论的基础上构建的一种定性概念与定量描述之间的不确定性转换模型,常用于对自然语言中概念的不确定性的处理,能够为随机性和模糊性的转换建立清晰明了的对应关系[211]。

定义 1　假设 U 是一个用精确数值表示的定量论域,T 是 U 空间上的定性自然语言概念,若元素 x （$x \subseteq U$）对于 T 所表达的定性概念的隶属度 $U_T(x) \in [0, 1]$ 为一个有稳定倾向的随机数,那么将隶属度在论域上的分布称为隶属云,简称云。云是概念 T 从论域 U 到区域 $[0, 1]$ 的映射,即

$$U_T(x): U \rightarrow [0, 1], \ \forall_x \in U, \ x \rightarrow U_T(x) \tag{5.1}$$

与传统模糊隶属度的一一对应有所不同,元素 x （$x \subseteq U$）与它对应的概念 T 的隶属度之间的映射关系是一对多的对应关系,除此之外,如果概念对应的论域是 n 维空间,则可以得到 n 维云。

定义 2　假设 U 是一个用精确数值表示的定量论域,T 是 U 空间上的定性自然语言概念,x 是定性概念 T 的一次随机实现,若云滴 x 满足 $x \sim N(Ex, En'^2)$,$En' \sim N(En, He^2)$,对于定性概念 T 的确定度满足 $\mu_T(x) = \exp\left(-\dfrac{(x - Ex)^2}{2En'^2}\right)$,则 x 在论域 U 上的分布 $T(Ex, En, He)$ 称为一维正态云模型。

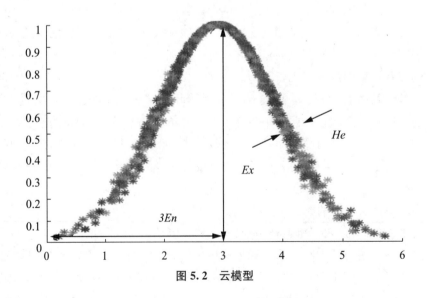

图 5.2　云模型

一维正态云模型是一种最基本的云模型。期望（Ex）、熵（En）和超熵（He）3 个数字特征表示了定性概念的定量特性，如图 5.2 所示。数字特征的主要作用在于描述云模型、产生虚拟云和实现云计算。期望（Ex）在论域中代表了定性概念的数值，是概念在论域中的中心值；熵（En）是度量定性概念的模糊度及概率的数值，反映了定性概念的不确定性；超熵（He）是熵的熵，反映了熵的不确定性，在数域中代表数值的所有不确定度的凝聚度，可以表示云的离散度以及厚度。云模型通过三个数字特征就可以构建出涵盖大量云滴的云形态，可以将自然语言值的不确定性良好的呈现出来，充分体现了语言的模糊性和随机性。

2. 云模型分类及云发生器

根据概念的表述和产生机理，云模型可以分为两类。一类是正向云，包括基本云、X 条件云、Y 条件云；另一类是逆向云，如图 5.3 所示；根据云的分布特点，可以分为对称云、半云和组合云，正态云就属于对称云之一；根据维度的数量，可以分为一维云、二维云、多维云等；根据云的趋势可以分为上升云和下降云。在诸多类别的云模型中，正态云模型是最为基础且重要的模型。大量的研究表明，正态云模型具有较强的普适性，在实际中遇到的大部分自然语言概念都服从或近似服从正态分布。

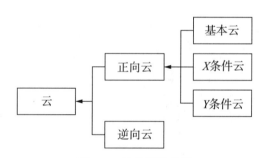

图 5.3　云模型的分类

云模型研究离不开云发生器这一基本工具，云发生器的算法建立了定性与定量信息之间的相互联系、相互映射和转化桥梁。目前较为常见的云发生器主要有以下四种：

（1）正向云发生器

正向云发生器主要建立了从定性到定量映射关系，实现了定性到定量的转化，是最基础的云算法。应用正向云发生器是将云模型的 3 个数字特征（Ex，En，He）转化为云模型的若干二维点（即云滴）$drop(x_i, \mu_i)$，从而将定性概念通过不确定的转换方式定量化处理，如图 5.4 所示。以一维正向云发生器为例，采用正态云模型进行研究，具体算法如下：

第一步，生成 1 个服从正态分布且以 En 为期望，He^2 为方差的随机数 $En' \sim N(En, He^2)$；

第二步，生成 1 个服从正态分布且以 Ex 为期望，En'^2 为方差的随机数 $x \sim N(Ex, En'^2)$；

第三步，给随机数 x 进行赋值，作为定性概念 T 的具体量化值，通过计算 $\mu_i(x)=\exp\left(-\dfrac{(x-Ex)^2}{2En'^2}\right)$ 得出 μ_i，μ_i 为 x 隶属于定性概念 T 的隶属度，由此得到 1 个云滴 $drop(x_i,\mu_i)$，完成一次定性定量转化的过程。

第四步，重复以上步骤 n 次，直到产生 n 个云滴形成的云。

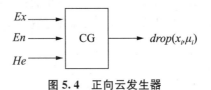

图 5.4　正向云发生器

（2）逆向云发生器

逆向云发生器相对于正向云发生器，是正向云发生器的逆向过程，是根据一定数量的云滴，逆向计算出云模型的三个数字特征（Ex，En，He），完成从定量向定性转化的过程，如图 5.5 所示。同样以一维正向云发生器为例，采用正态云模型进行研究，具体算法如下：

第一步，根据一定数量云滴，计算样本均值 $\overline{X}=\dfrac{1}{n}\sum\limits_{i=1}^{n}x_i$，一阶样本绝对中心距 $\mu=\dfrac{1}{n}\sum\limits_{i=1}^{n}|x_i-\overline{X}|$，样本方差 $S^2=\dfrac{1}{n-1}\sum\limits_{i=1}^{n}(x_i-\overline{X})^2$；

第二步，$\hat{E}x=\overline{X}$；$\hat{E}x=\sqrt{\dfrac{\pi}{2}}\mu$；$\hat{H}x=\sqrt{S^2-\hat{E}x}$。

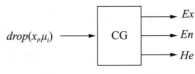

图 5.5　逆向云发生器

（3）X 条件云发生器

X 条件云发生器是在已知云模型的 3 个数字特征（Ex，En，He）的前提下，给定 $x=x_0$，产生这个 x 在某一概念中对应的 1 个云滴（x，y），y 为 x 对应该概念的 1 个隶属度。X 条件云发生器生成的云滴横坐标数值均为 x，纵坐标隶属度值呈概率分布，云滴位于同 1 条竖直线上。

（4）Y 条件云发生器

Y 条件云发生器是在已知云模型的 3 个数字特征（Ex，En，He）的前提下，给定 $y=y_0$，产生在某一概念中隶属度为 y_0 对应的 1 个云滴（x，y）。Y 条件云发生器生成的云滴纵坐标数值均为 y，横坐标 x 呈概率分布，云滴位于同 1 条水平线上。

3. 云模型的应用领域

目前云模型在各研究领域应用广泛，主要应用领域如图 5.6 所示[212-219]。其中，云模型理论在复杂系统研究中的应用逐渐增多，尤其是涉及系统性评价的研究较多。以系统性风险评价为例，刘小龙，邱菀华针对工程项目，提出了基于云模型的风险评估方法，建立风险评估云模型[220]；张秋文，等应用云模型的方法，对长江三峡水库的诱发地震风险进行了多级模糊综合评价[221]；杨光，等基于云模型理论，选取影响隧道塌方风险的 10 项因子，针对影响因子的复杂性和模糊性，建立了隧道塌方风险评价模型[222]；王玲俊，王英将云模型引入风险评价，构建了针对装备制造业的风险评价模型，对风险等级进行量化[223]。由此可见，云模型在处理此类问题时具有较强的理论依据和理论基础。

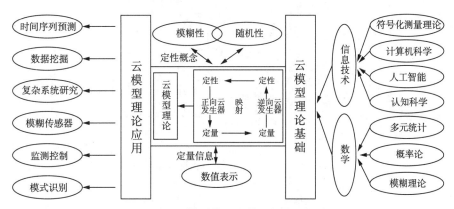

图 5.6　云模型的理论基础与应用领域

4. 选择云模型的原因

基于监管视角的区域特种设备安全风险是一个多层次、多维度、多因素的复杂系统，故而在预警的过程中会存在预警标准的不确定性，也会出现预警主体的主观性、随机性和模糊性。目前，安全风险预警的方法有很多种，但大多数的预警方法没有将定性和定量有机结合，研究的结果大部分是单纯的定性或定量结果，即使实现了定性与定量的结合，通常也仅是将定性评价指标定量化，从而进行预警测算，没有将研究对象和研究对象的细化指标所具有的随机性和模糊性体现出来，更没有考虑预警主体划分预警等级的主观性。因此，结合下述基于监管视角的区域特种设备安全风险预警指标体系的特点，可以将云模型运用其中，以提高风险预警结果的准确性。

5.1.3　模型构建思路（SEM–ANP–CM）

基于监管视角的区域特种设备安全风险是一个相对复杂的系统风险，从多个维度考虑了影响区域特种设备安全的风险因素，系统层次较多，系统要素之间存在着显著的相互关系。为了更好地实现多维度、多层次的风险预警，考虑风险因素之间的关系和预警等级语言概念的不确定性，提高风险预警的准确性，故在选择风险预警模型构建的方法时，考虑采用

"SEM-ANP-CM"的集成方法，简言之即运用网络层次分析法（ANP），根据 PLS-SEM 对各因素关系的分析结果，计算各指标权重，运用云模型（Cloud Model）的算法计算各指标等级隶属度，最终综合计算实现风险预警。下面具体介绍研究思路，如图 5.7 所示。

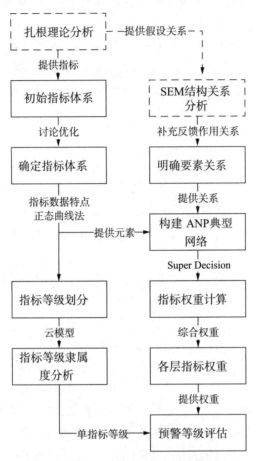

图 5.7 风险预警模型构建的研究思路

第一步，构建指标体系。首先，根据扎根理论分析的结果，按照核心范畴、主范畴、范畴、概念的层次划分及各层级要素，构建初始指标体系；其次，根据各要素的内涵，选择合适的量化指标来衡量，并依据实际数据获取的难易程度与专家讨论，进一步优化指标体系，使其满足指标体系构建的基本原则；最后，进行信度效度检验，确保指标体系的合理性。

第二步，确定指标权重。首先，根据 SEM 结构关系分析的结果，进一步补充反馈作用关系（后续会解释补充的原因），明确各指标之间的相互关系，构建 ANP 典型网络，进而，按照 ANP 指标权重计算的具体过程，求得各指标的局部权重和全局权重。

第三步，单项指标等级划分。对所构建的指标体系，按照样本指标数据的分布特点，采用合理的分级方法，划分单项指标等级，并将划分结果与专家进行讨论，优化等级区间。

第四步，各指标等级隶属度分析。将指标分为定性指标和定量指标两类，定量指标运用云模型的方法将指标等级云化，按照 X 条件云发生器的计算方法，将样本带入模型计算，求得对应的等级隶属度，定性指标按照专家评价的方式确定等级隶属度。

第五步，预警等级评估。根据已求得的各指标权重和各指标等级隶属度，相乘计算出综合等级隶属度，包括各维度的等级隶属度和区域特种设备安全风险预警等级隶属度，再根据最大隶属度原则或加权隶属度原则，衡量各维度和区域特种设备安全风险预警等级。

5.2　指标体系构建

5.2.1　指标体系构建的原则

基于监管视角的区域特种设备安全风险是一个相对复杂的系统，具有多层次、多维度的特点。针对这样一个复杂的系统构建指标体系，应该遵循一定的基本原则，而不是简单的将其相关指标全部堆积在一起。下面对指标体系构建的原则进行介绍。

1. 目的性原则

构建基于监管视角的区域特种设备安全风险预警指标体系的目的是：从监管的视角出发，判断各区域特种设备安全风险的大小，找出影响区域特种设备安全的关键所在，提出分类分级监管的思路，改进保障区域特种设备安全的方式方法，不断提高其安全状态。在构建基于监管视角的区域特种设备安全风险预警指标体系的过程中，必须紧紧围绕着上述目的进行。

2. 系统性原则

基于监管视角的区域特种设备安全风险是一个复杂的系统，具有多层次、多维度的特点，在构建指标体系时应基于系统的思想，遵循从整体到部分逐步细化，从内部到外部的逐步扩展，从而理清指标体系的结构和关系，充分考虑系统的整体性和逻辑规范。

3. 全面性原则

全面性原则是系统性原则的基础上，进一步考虑指标体系的全面性，使得所构建的指标体系可以尽可能全面的反映基于监管视角的区域特种设备安全风险的特点，能够充分考虑影响区域特种设备安全的各个方面，避免遗漏关键问题和重要部分。

4. 群体状态原则

由于基于监管视角的区域特种设备安全风险的系统各要素的状态应是监管机构关注且能够通过规制手段进行控制和干预的群体状态。因此，在指标体系构建过程中，应确保指标所衡量的风险状态是一种群体状态，代表一个区域整体的风险水平。

5. 客观性原则

基于监管视角的区域特种设备安全风险预警指标应该准确反映出基于监管视角的区域特种设备安全风险的内涵，指标应简明扼要，各指标之间不易有较大的相关性，为了避免主观因素的影响，在选择指标时应尽可能的选择具有客观数据的因素作为衡量指标，其定义和界限应清晰。

6. 定性与定量相结合的原则

基于监管视角的区域特种设备安全风险涉及维度较多，指标相对复杂，所选取的指标并不是所有都可以定量化，定性指标不可避免。因此，在构建基于监管视角的区域特种设备安全风险预警指标体系时应遵循定性与定量相结合的原则，以定量指标为主，以保证指标体系整体的客观性，选择适当的定性指标，以保证指标体系的全面性。

7. 科学性、可行性和可比性原则

构建指标体系应在科学合理的反映基于监管视角的区域特种设备安全风险本质的基础上，控制指标数量，调整繁简程度，并确保在指标取值方面能够通过有效渠道获取权威数据，难以量化且无法定性评估的指标应予以剔除。另外，指标体系的构建，既要考虑到基于监管视角的区域特种设备安全风险的综合评估和对比，同时也要考虑各维度风险的比较需要，深入挖掘各地区的本质安全问题，有针对性的提出解决方案或监管措施。

值得注意的是，在遵循上述原则构建基于监管视角的区域特种设备安全风险预警指标体系的过程中会出现指标体系构建原则上的矛盾和冲突问题，例如全面性原则要求指标能涵盖研究目的，指标数量往往会较多，指标较多可能会造成与可行性和客观性原则的冲突。因此，在实际构建过程中，应针对具体问题具体分析，与领域专家进行衡量和判断。

5.2.2 指标体系构建的思路

本书在明确基于监管视角的区域特种设备安全风险内涵和指标体系构建目的的基础上，根据第 3 章扎根理论分析所得成果，结合文献研究法、专家调查法，遵循指标体系构建的原则，初步构建基于监管视角的区域特种设备安全风险预警指标体系，并对指标进行筛选和优化，最后确定指标体系。指标体系构建的思路，如图 5.8 所示。

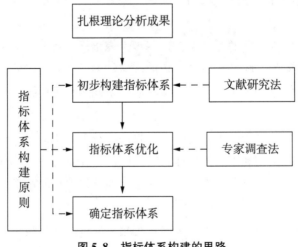

图 5.8 指标体系构建的思路

5.2.3　指标体系构建及说明

在第三章扎根理论的分析过程中，主要以挖掘基于监管视角的区域特种设备安全风险为目的，对特种设备相关法律法规、事故案例进行了系统的梳理，并对专家进行了调研访谈，其分析结果也通过了饱和度检验，信度及效度较好。因此可以确定，扎根理论所提炼出的各级风险要素满足指标体系构建的目的性原则、系统性原则、全面性原则、客观性原则等，可以将各级风险要素初步作为风险预警指标体系的各级指标。

1. 指标体系构建过程

第 3 章以扎根理论为研究方法，分析了基于监管视角的区域特种设备安全风险的构成，通过开放性编码、主轴编码、选择性编码，提炼出宏观环境、体制制度、监管状态、行业状况和事故影响 5 个主范畴以及自然环境、社会经济环境、监管体制合理性、法规体系健全性、监管资源、监管执行、应急与舆情管理、作业人员状态、设备状态、安全管理状况、安全环境、技术水平、事故直接影响、网络舆情影响 14 个范畴，另有相关概念51 个。

根据上述研究成果，参考基于监管视角的区域特种设备安全风险要素模型，可构建风险预警指标体系结构框架，将其划分为 5 个维度，包括宏观环境、体制制度、监管状态、行业状况和事故影响，具体见图 5.9。

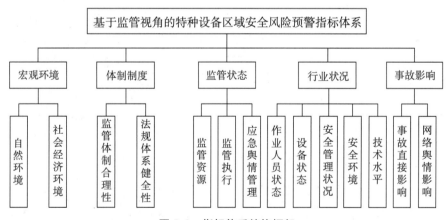

图 5.9　指标体系结构框架

基于扎根理论所提炼的 51 个基础概念（见表 3.6），结合上述体系结构框架，构建基于监管视角的区域特种设备安全风险预警指标体系，并参考借鉴相关文献资料，咨询相关专家学者，探讨各指标的数据来源，以此保证指标体系的数据可得性，并确保指标遵循定量与定性相结合，以定量指标为主的原则。初步构建的指标体系如表5.1 所示。

表5.1 初始指标体系

一级指标	二级指标	三级指标	指标类型	指标取值
宏观环境	自然环境	自然灾害	定量指标	自然灾害数量
		地质条件	定性指标	问卷调研
		气候条件	定性指标	问卷调研
	社会经济环境	社会发展水平	定量指标	社会发展水平总指数
		经济发展水平	定量指标	地区人均GDP
体制制度	监管体制合理性	监管主体的联动性	定性指标	问卷调研
		监管模式的合理性	定性指标	问卷调研
		监管制度的完善性	定性指标	问卷调研
	法规体系健全性	法律法规健全程度	定性指标	问卷调研
		部门规章健全程度	定性指标	问卷调研
		技术规范健全程度	定性指标	问卷调研
		各类标准健全程度	定性指标	问卷调研
监管状态	监管资源	监察人员配置	定量指标	监察人员人机比
		检验人员配置	定量指标	检验人员人机比
		监察资金投入	定量指标	监察资金投入占比统计数据缺失
		检验资金投入	定量指标	检验资金投入与设备数量的比值
		监察物力资源	定量指标	监察物力投入占比统计数据缺失
		检验物力资源	定量指标	检验固定资产与设备数量的比值
	监管执行	监督检验执行情况	定量指标	监督检验率
		定期检验执行情况	定量指标	定期检验率
		执法监督检查情况	定量指标	执法监督检查率
		事故处理执行情况	定量指标	事故结案率
		安全监察责任履行	定量指标	问卷调研
	应急与舆情管理	应急管理平台	定性指标	问卷调研
		事故应急预案	定性指标	问卷调研
		舆情监测平台	定性指标	问卷调研
		舆情处理能力	定量指标	政府微博影响力

表 5.1（续）

一级指标	二级指标	三级指标	指标类型	指标取值
行业状况	作业人员状态	作业人员配置	定量指标	作业人员人机比
		作业人员素质	定量指标	学历占比，统计数据缺失
		作业人员资质	定量指标	作业人员持证率
		作业人员工作经验	定量指标	持证 3 年及以上人员占比
		专业培训情况	定量指标	人均培训时间 统计数据缺失
	设备状态	设备使用登记情况	定量指标	设备登记率
		设备老化情况	定量指标	老旧设备占比 统计数据缺失
		设备及附件合规性	定量指标	监管检验问题率 定期检验问题率
		设备问题整改情况	定量指标	设备问题整改率 统计数据缺失
		设备可靠性	定量指标	设备故障率，统计数据缺失
	安全管理状况	安全管理合规性	定量指标	安全管理问题单位占比
		安全管理问题整改	定量指标	安全管理问题整改率
		安全管理人员配置	定量指标	安全管理人员占比
		安全投入情况	定量指标	安全投入占比 统计数据缺失
行业状况	安全环境	安全文化环境	定性指标	问卷调研
		安全信息化环境	定性指标	问卷调研
	技术水平	安全技术先进性	定性指标	问卷调研
		管理方法先进性	定性指标	问卷调研
事故影响	事故直接影响	事故数量	定量指标	万台事故率
		事故伤亡情况	定量指标	万台事故伤亡人数
		事故经济损失	定量指标	万台事故经济损失
	网络舆情影响	网民关注度	定量指标	平均单次事故网络报道数量
		公众不满意度	定量指标	事故负面评论占比
		事件发酵时长	定量指标	平均单次事件发酵时长

如表 5.1 所示，初步构建的指标体系中定性指标有 17 个，定量指标有 26 个，其中8个

定量指标的统计数据缺失。由此可见，初步构建的指标体系中定性指标偏多，且存在不可统计分析的定量指标。因此，需进一步与专家讨论、具体分析，对指标体系进行优化。

对 17 个定性指标进行分析可以发现，安全文化环境、安全信息化环境同属于安全环境，安全技术先进性、管理方法先进性同属技术水平，故可以对安全环境、技术水平直接进行定性分析，以此整合成两个定性指标；监管主体的联动性、监管模式的合理性、监管制度的完善性同属监管体制合理性，故可对监管体制合理性进行直接定性分析。对于监管体制合理性而言，可分为国家与省级两个层面进行衡量，即国家监管体制合理性和地区监管体制合理性。国家层面侧重于全国整体的监管体制合理性，省级层面侧重于各省级行政区的监管体制合理性，以此区分各省监管体制合理性的不同；类似于上述三个二级指标，法规体系健全性也包含了 4 个定性指标，其中部门规章、技术规范、各类标准对于全国各个地区而言情况基本一致，可整体进行定性评价，但对于法律法规而言，不同的地区可能有一些地方法规，故而有必要单列指标进行评价。因此，可将法规体系健全性优化分为地方法规体系健全程度和国家法规体系健全程度两个指标进行衡量，既保证指标的全面性，又满足可比性的原则。

监管资源中监察资金投入和监察物力资源 2 个指标量化数据目前难以获取，且不易定性评价，应将其暂时剔除，但为保障监管资源维度指标的全面性，与专家讨论后，将监察人员配置、检验人员配置合并为人员配置，将监察资金投入和检验资金投入合并为资金投入，并暂用检验资金投入的数据来衡量，将监察物力资源和检验物力资源合并为物力资源，并暂用检验物力资源的数据来衡量。

作业人员素质、作业人员专业培训情况、设备老化情况、设备问题整改情况、设备可靠性、安全投入情况 6 个量化指标数据难以获取，定性评价又存在较大的主观性，虽然存在风险预警的现实意义，但评判结果很可能不准确。因此，在本次风险预警指标体系构建时，将这几个指标暂时剔除，若随着后续基础统计数据的逐步完善，可将其再纳入指标体系当中。同样在后续的实证研究时也暂时剔除这几项指标进行评估。

在定量指标中，公众不满意度是用事故的负面评论占事故报道总数的比值来衡量，根据网络舆情的相关参考文献[224]，将该指标优化为态度倾向性，该表述更为准确，数据来源及计算方式不变；另外，自然灾害指标原本计划采用自然灾害数量进行衡量，经过与专家反复讨论，最终认为自然灾害虽是影响区域特种设备安全的风险因素之一，但在区域特种设备安全风险预警时，并不适合将其列入指标体系内进行评估，自然灾害作为无法控制的突发事件，所导致的特种设备安全问题并不能代表地区的正常状态，更无法满足风险预警的目的性原则。

2. 相关指标解释说明

根据上述分析，剔除不合理和数据缺失的指标，最终确定了 37 个指标衡量基于监管视角的区域特种设备安全风险，其中包括定性指标 12 个，定量指标 25 个。优化后的指标体系符合定性与定量相结合的原则，且保障了数据的可得性。优化后的指标体系构建如表

5.2 所示，并对具体指标的内涵意义和指标的计算方式/公式进行解释说明。在此说明，表 5.2 中指标除特殊注明外，均面向地区整体的水平状况。

表 5.2　基于监管视角的区域特种设备安全风险预警指标体系解释说明

一级指标	二级指标	三级指标	单位	指标含义	指标计算方式/公式
B1 宏观环境	C1 自然环境	C1-1 地质条件	—	对特种设备安全产生负面影响的地形地貌、水文地质条件等情况	调查问卷
		C1-2 气候条件	—	对特种设备安全产生负面影响的气温、降水、光照、气温日较差（温差）等情况	调查问卷
	C2 社会经济环境	C2-1 社会发展水平	—	社会发展综合水平，可用社会发展水平总指数来衡量	社会发展水平总指数
		C2-2 经济发展水平	元	经济发展综合水平，可用地区人均 GDP 来衡量	地区人均 GDP
B2 体制制度	C3 监管体制合理性	C3-1 国家监管体制合理性	—	我国特种设备安全监管主体联动性、监管模式合理性、监管制度完善性的综合情况	调查问卷
		C3-2 地方监管体制合理性	—	地区特种设备安全监管主体联动性、监管模式合理性、监管制度完善性的综合情况	调查问卷
	C4 法规体系健全性	C4-1 国家法规体系健全程度	—	国家层面的法律法规、部门规章、技术规范、标准等整体的健全程度	调查问卷
		C4-2 地方法规体系健全程度	—	地方层面的法律法规健全程度	调查问卷
B3 监管状态	C5 监管资源	C5-1 人员配置	人/万台	特种设备监管人员数量与特种设备数量的匹配程度，可用监管人员人机比进行衡量	监管人员（监察及检验人员）数量/特种设备数量
		C5-2 资金投入	万元/万台	监察资金投入不易获取，暂用检验资金投入代表，可用万台检验资金投入来衡量	检验资金投入/特种设备数量
		C5-3 物力资源	万元/万台	监察物力资源不易获取，暂用检验物力资源代表，可用万台检验固定资产来衡量	检验固定资产/特种设备数量

表 5.2（续）

一级指标	二级指标	三级指标	单位	指标含义	指标计算方式/公式
B3 监管状态	C6 监管执行	C6-1 监督检验执行情况	%	检验机构监督检验工作的执行情况，可用监督检验率来衡量	监督检验数量/应监督检验数量
		C6-2 定期检验执行情况	%	检验机构定期检验工作的执行情况，可用定期检验率来衡量	定期检验数量/应定期检验数量
		C6-3 执法监督检查情况	%	现场监察机构执法监督检查工作的执行情况，可用执法监督检查率来衡量	实际检查单位/应检查单位
		C6-4 事故处理执行情况	%	事故处理结案情况，可用事故结案率来衡量	已结案事故数/事故总数
		C6-5 安全监察责任履行	—	监管、检验机构在上述各项安全监察工作中的责任履行情况，可通过调查公众和使用单位对监察与检验机构的满意度来衡量	调查问卷
	C7 应急与舆情管理	C7-1 应急管理平台	—	特种设备安全应急管理平台构建应用情况	调查问卷
		C7-2 事故应急预案	—	特种设备安全事故应急预案制定演练情况	调查问卷
		C7-3 舆情监测平台	—	特种设备安全舆情监测平台构建应用情况	调查问卷
		C7-4 舆情处理能力	—	监管机构对突发事件的舆情处理能力，可用政府微博影响力代为衡量	政府微博影响力
B4 行业状况	C8 作业人员状态	C8-1 作业人员配置	人/台	作业人员数量与特种设备数量的匹配程度，可用作业人员人机比来衡量	作业人员数量/特种设备数量
		C8-2 作业人员资质	%	主要指作业人员持证情况，可用作业人员持证率来衡量	抽查作业人员持证数/抽查作业人员总数
		C8-3 作业人员工作经验	%	作业人员工作经验丰富程度，即老员工的占比情况，可用持证3年以上人员占比来衡量	持证3年及以上人员数量/作业人员数量

表 5.2（续）

一级指标	二级指标	三级指标	单位	指标含义	指标计算方式/公式
B4 行业状况	C9 设备状态	C9-1 设备使用登记情况	%	现场监察发现未登记设备情况，可用设备登记率来衡量	抽查设备登记数量/抽查设备总数
		C9-3 监督检验存在问题情况	%	监督检验过程中发现设备问题数量，可用监督检验问题数量占比来衡量	监督检验质量安全问题数量/监督检验数量
		C9-4 定期检验存在问题情况	%	定期检验过程中发现设备问题数量，可用定期检验问题数量占比来衡量	定期检验质量安全问题数量/定期检验数量
	C10 安全管理状况	C10-1 安全管理合规性	%	生产、使用单位存在的安全管理问题数量，可用安全管理问题单位占比来衡量	检查存在安全管理问题单位数/检查单位数量
		C10-2 安全管理问题整改	%	生产、使用单位的安全管理问题整改情况，可用安全管理问题整改率来衡量	安全管理问题整改数量/安全管理问题数量
		C10-3 安全管理人员配置	%	生产、使用单位的安全管理人员配置情况，可用安全管理人员占比来衡量	安全管理人员数量/作业人员数量
	C11 安全环境	C11 安全环境	—	安全文化氛围以及相关人员对安全的认知能力和安全信息化发展进程及安全技术及管理信息化程度	调查问卷
	C12 技术水平	C12 技术水平	—	特种设备先进程度、安全性及技术先进性和特种设备安全管理方法、办法先进性	调查问卷
B5 事故影响	C13 事故直接影响	C13-1 事故数量	次/万台	万台特种设备发生安全事故数量，可用万台事故率来衡量	事故数量/特种设备数量
		C13-2 事故伤亡情况	人/万台	平均单次事故造成人员伤亡的数量，可用万台事故伤亡人数来衡量	伤亡人数/特种设备数量
		C13-3 事故经济损失	万元/万台	平均单次事故造成经济损失的金额，可用万台事故经济损失来衡量	经济损失金额/特种设备数量

表 5.2（续）

一级指标	二级指标	三级指标	单位	指标含义	指标计算方式/公式
B5 事故影响	C14 网络舆情影响	C14-1 网络关注度	个/次	特种设备发生安全事故受到网民的关注度，可用平均单次事故网络报道数量来衡量	百度搜索特种设备事故，统计平均单次事故网络报道数量
		C14-2 态度倾向性	%	特种设备发生安全事故所造成的民众不满意度，可用负面评论占比来衡量	负面评论的网络报道数量（恶意评论除外）/网络报道数量
		C14-3 事件发酵时长	月/次	特种设备安全事故在网络媒体上的发酵时间，可用平均单次事件发酵时长来衡量	事故发酵时间总长度/事故次数

5.3　预警模型构建

针对所构建的指标体系，根据第 4 章结构关系分析的结果，利用网络层次分析法（ANP）计算各指标权重，按照样本指标数据的分布特点，结合专家的意见，对单项指标划分等级，进而运用云模型和专家评价相结合的方式，分别对定量和定性指标等级隶属度进行计算，综合各指标权重及等级隶属度，计算各维度以及基于监管视角的区域特种设备安全风险预警等级，以此完成预警模型的构建。

5.3.1　指标权重确定

网络层次分析法（ANP）的核心是要分析各元素组及元素之间的相互关系，从而构建 ANP 的典型网络结构，因此，在使用 ANP 确定各指标的权重之前要明确各层指标之间的关系。

基于监管视角的区域特种设备安全风险预警指标体系是一个多维度、多层次、内部因素存在相互关系的层次结构。根据第三章的分析可知，一级指标宏观环境是系统外部风险，体制制度、监管状态、行业状况和事故影响四个一级指标共同构成了系统内部风险，系统外部风险与系统内部风险之间不存在显著的直接影响关系，可将系统外部风险和系统内部风险作为相互独立的元素组进行分析，采用简单的层次分析法（AHP）方法计算权重即可，下面主要针对系统内部风险进行 ANP 分析。

按照网络层次分析法（ANP）的具体分析步骤，将系统内部风险分为控制层和网络层两个部分，其中控制层包括目标层（系统内部风险）和准则层（体制制度、监管状态、行业状况和事故影响四个一级指标），网络层包括四个一级指标所属的 12 个二级指标。

本书第 4 章已运用 PLS-SEM 模型对系统内部风险的结构关系进行了分析,明确了上述构建的风险预警指标体系中系统内部风险所属一级、二级指标的相互关系,具体结论可见表 4.28,而三级指标构成了二级指标,基本上都相互独立的,故而在此研究中不考虑三级指标之间的相互关系。一级指标、二级指标之间的关系如表 5.3 所示。

表 5.3　一级指标、二级指标之间的关系

一级指标间的关系	二级指标间的关系	
H1 体制制度→监管状态	H1-1 监管体制合理性→监管资源 H1-2 监管体制合理性→监管执行 H1-4 法规体系健全性→监管资源	H1-5 法规体系健全性→监管执行 H1-6 法规体系健全性→应急舆情管理
H2 监管状态→行业状况	H2-1 监管资源→作业人员状态 H2-2 监管资源→设备状态 H2-3 监管资源→安全管理状况 H2-4 监管资源→安全环境 H2-5 监管资源→技术水平	H2-6 监管执行→作业人员状态 H2-7 监管执行→设备状态 H2-8 监管执行→安全管理状况 H2-9 监管执行→安全环境 H2-10 监管执行→技术水平
H3 体制制度→行业状况	H3-1 监管体制合理性→作业人员状态 H3-3 监管体制合理性→安全管理状况 H3-4 监管体制合理性→安全环境 H3-5 监管体制合理性→技术水平 H3-6 法规体系健全性→作业人员状态	H3-7 法规体系健全性→设备状态 H3-8 法规体系健全性→安全管理状况 H3-9 法规体系健全性→安全环境 H3-10 法规体系健全性→技术水平
H4 行业状况→事故影响	H4-1 作业人员状态→事故直接影响 H4-2 作业人员状态→网络舆情影响 H4-3 设备状态→事故直接影响 H4-4 设备状态→网络舆情影响 H4-5 安全管理状况→事故直接影响	H4-6 安全管理状况→网络舆情影响 H4-7 安全环境→事故直接影响 H4-8 安全环境→网络舆情影响 H4-9 技术水平→事故直接影响 H4-10 技术水平→网络舆情影响
H5 监管状态→事故影响	H5-1 监管资源→事故直接影响 H5-3 监管执行→事故直接影响 H5-4 监管执行→网络舆情影响	H5-5 应急舆情管理→事故直接影响 H5-6 应急舆情管理→网络舆情影响

专家讨论认为,上述影响因素与被影响因素之间不仅存在影响关系,同时还存在反馈作用,例如作业人员状态不好会促使监管执行状态的提升,这种反馈作用在短时间内表现并不显著,但在 ANP 的分析过程中衡量指标的相互关系时必须要考虑,否则会影响指标权重设定的准确性。因此,将上述存在影响关系的指标视为相互关系,据此构建二级指标的相互关系表,如表 5.4 所示。

表 5.4　二级指标的相互关系表

	C3	C4	C5	C6	C7	C8	C9	C10	C11	C12	C13	C14
C3	—	0	1	1	0	1	0	1	1	1	0	0
C4	0	—	1	1	1	1	1	1	1	1	0	0
C5	1	1	—	0	0	1	1	1	1	1	1	0
C6	1	1	0	—	0	1	1	1	1	1	1	1
C7	0	1	0	0	—	0	0	0	0	0	1	1
C8	1	1	1	1	0	—	0	0	0	0	1	1
C9	0	1	1	1	0	0	—	0	0	0	1	1
C10	1	1	1	1	0	0	0	—	0	0	1	1
C11	1	1	1	1	0	0	0	0	—	0	1	1
C12	1	1	1	1	0	0	0	0	0	—	1	1
C13	0	0	1	1	1	1	1	1	1	1	—	0
C14	0	0	0	1	1	1	1	1	1	1	0	—

注："0"代表无关系；"1"代表有关系。

根据上述相互关系，构建系统内部风险的典型 ANP 网络结构，如图 5.10 所示。

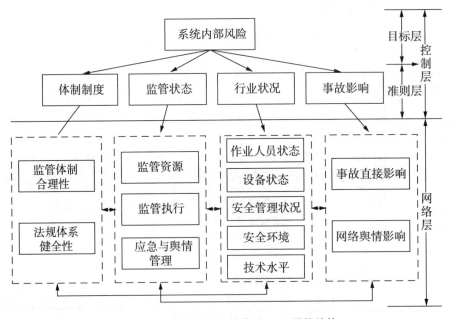

图 5.10 系统内部风险的典型 ANP 网络结构

根据系统内部风险的典型 ANP 网络，将网络层的元素组及元素根据其相对于某一准则的重要程度进行两两比较，以此构建判断矩阵，例如以作业人员状态为准则，监管资源与监管执行的相对重要性程度等，据此设计调查问卷（见附录 C），请专家依据自身的经验和直观感受，按照 9 级标度法对元素组及元素进行两两比较，对判断矩阵进行打分，收回问卷。为了避免单个专家判断的片面性，我们在实际操作中计划调查 10 名专家，将所有专家 1～9 的打分进行加权平均计算，假设每个专家的权重相同均为 0.1，得到的具体数值形成新的判断矩阵，根据判断矩阵评分结果计算权重向量，并进行一致性检验。

基于两两判断矩阵，将全部元素组及元素按照一定顺序，依次填入 1 个矩阵中，形成超级矩阵；按照超级矩阵中的非 0 子块对上层元素集的重要性进行两两比较，得到判断矩阵，以此对超级矩阵进行加权计算，形成加权超矩阵；最后使用幂法对加权超矩阵求极限，直到矩阵各列向量保持不变、呈现稳定状态为止，每行相同的数值即为各元素的权重。

最后，同样按照 9 级标度法，通过问卷调查，对比系统内部风险与系统外部风险的重要性程度，并将各二级指标所属的三级指标进行两两对比（见附录 C），运用 AHP 法计算其权重，综合上述二级指标权重计算结果，由此确定各层级指标权重 $W = \{w_1, w_2, \cdots, w_n\}$。

ANP 的计算较为复杂，可运用 Super Decision 软件，按照其操作步骤进行，得到最终的结果，具体过程在第 6 章实证中会详细介绍。

5.3.2　指标等级划分

指标等级划分是计算指标等级隶属度的基础，是构建预警模型的基本条件之一，由于目前大部分指标无明确的等级划分依据，故需要借助相关方法探索性划分等级区间。定性指标的等级划分可通过专家评价的方式来确定，具体可见下节。本节仅针对定量指标的等级划分方法进行介绍。

首先，运用 SPSS 对定量指标的样本数据进行单样本非参数检验，确定其分布的特点，进而根据各指标的分布情况对指标等级进行划分。假设Ⅰ级表示指标的安全状态很好，Ⅱ级表示指标的安全状态好，Ⅲ级表示指标的安全状态一般，Ⅳ级表示指标的安全状态差，Ⅴ级表示指标的安全状态很差。按照人们对事物好坏的判断标准和一般性规律，通常情况认为安全状态一般出现的概率最高，安全状态好和差出现的概率较高，安全状态很好和很差出现概率最小。故可将指标出现在Ⅰ-Ⅴ级的概率设定为 0.1，0.2，0.4，0.2，0.1，初步划分指标等级区间。

以样本服从正态分布的情况为例，如果将指标 C 各等级之间的临界值分别设为 c_1，c_2，c_3，c_4，则这四个临界值可将指标 C 的正态分布曲线所覆盖的面积分为 5 个部分。由分布密度函数的含义可知，各个部分的面积即为指标 C 出现在相应区间内的概率，也就是出现在各级内的概率。

已知指标 C 的分布密度为：

$$P(C, \mu, \sigma) = \frac{1}{\sqrt{2\pi}\sigma} e^{\frac{-(c-\mu)^2}{2\sigma^2}} \tag{5.2}$$

其中，μ，σ 的值来源于 SPSS 软件对样本数据的单样本非参数检验（符合正态分布时），故

$$\int_{c_1}^{\infty} \frac{1}{\sqrt{2\pi}\sigma} e^{\frac{-(c-\mu)^2}{2\sigma^2}} \mathrm{d}c = P_1 = 0.1 \tag{5.3}$$

$$\int_{c_2}^{\infty} \frac{1}{\sqrt{2\pi}\sigma} e^{\frac{-(c-\mu)^2}{2\sigma^2}} \mathrm{d}c = P_1 + P_2 = 0.3 \tag{5.4}$$

令 $t = \dfrac{c-\mu}{\sigma}$，则上述二式变为：

$$\int_{t_1}^{\infty} \frac{1}{\sqrt{2\pi}} e^{-\frac{t^2}{2}} \mathrm{d}t = 0.1 \tag{5.5}$$

$$\int_{t_2}^{\infty} \frac{1}{\sqrt{2\pi}} e^{-\frac{t^2}{2}} \mathrm{d}t = 0.3 \tag{5.6}$$

其中，

$$t_1 = \frac{c_1 - \mu}{\sigma}$$

$$t_2 = \frac{c_2 - \mu}{\sigma}$$

查积分表得，

$$t_1 = \frac{c_1 - \mu}{\sigma} = 1.28155 \tag{5.7}$$

$$t_2 = \frac{c_2 - \mu}{\sigma} = 0.52440 \tag{5.8}$$

把 μ、σ 的值代入，则：

$$c_1 = \mu + 1.28155\sigma \tag{5.9}$$
$$c_2 = \mu + 0.52440\sigma \tag{5.10}$$
$$c_3 = \mu - 0.52440\sigma \tag{5.11}$$
$$c_4 = \mu - 1.28155\sigma \tag{5.12}$$

从而可得各级别所对应指标的区间范围，当指标为正向指标时，其区间范围如下：

$$\begin{array}{ll} \text{I} & c \geqslant c_1 \\ \text{II} & c_1 > c \geqslant c_2 \\ \text{III} & c_2 > c \geqslant c_3 \\ \text{IV} & c_3 > c \geqslant c_4 \\ \text{V} & c < c_4 \end{array} \tag{5.13}$$

当指标为负向指标时，其区间范围如下：

$$\begin{array}{ll} \text{I} & c \leqslant c_1 \\ \text{II} & c_1 < c \leqslant c_2 \\ \text{III} & c_2 < c \leqslant c_3 \\ \text{IV} & c_3 < c \leqslant c_4 \\ \text{V} & c > c_4 \end{array} \tag{5.14}$$

若存在部分指标经检验不符合正态分布，无法采用此方法进行指标等级的划分，可应用传统方式，与专家讨论，根据经验结合指标实际情况，合理划分指标等级；符合正态分布的指标，在运用上述方法划分指标等级后，应结合指标的性质，参考专家意见，优化指标等级区间，特别是一些具有门槛值的指标，例如监督检验执行情况和定期检验执行情况等，当执行情况为 100% 时，该指标的安全状态才处于"很好"状态，未达到 100% 均视为存在风险，处于"好""一般""差"或"很差"状态。

5.3.3　指标等级隶属度确定

设评价指标集为 $C=\{C_1, C_2, \cdots, C_n\}$，评价结果的等级划分为 $V=\{v_1, v_2 \cdots, v_m\}$，其中，$n$ 为指标总数，m 为等级总数，本书分为 5 个等级进行研究，即 $m=5$。基于监管视角的区域特种设备安全风险预警指标体系 C 由定性指标和定量指标组成，即包含可以通过实际测量或计算得到的指标，也包含无法由实际测量或计算得到，只能通过主观评价得到的指标，因此指标体系应按照定性指标和定量指标分为两种方式进行处理。假设指标体系中包含定性指标 p 个、定量指标 q 个，$p+q=n$。

1. 定性指标等级隶属度的确定

定性指标无实际统计数据可以对其进行计算衡量，只能通过专家语言评价的方式进行等级的评估。依据上述评价结果的等级划分 $V=\{v_1, v_2 \cdots, v_m\}$，可以采用问卷调查的方式，通过设计调查问卷，调研领域专家，使其根据自身的主观感受和经验判断，选择等级中最贴切指标实际情况的 v_i 对定性指标进行评价。定性指标数据的调查问卷见附录 D。

在实际研究中，为了确保评价结果的合理性，尽可能的消除专家评判的片面性，可调研征求 y 位专家对定性指标所属的等级评价意见，假设有 y_i 个专家认为定性指标 C_i 隶属于等级 v_j，则指标 C_i 相对于等级 v_j 的隶属度为：

$$\mu_{ij}=\frac{y_i}{y} \tag{5.15}$$

同样每个定性指标均可得到其相对于每个等级的隶属度，由此可以构建 P 个定性指标的等级隶属度矩阵 $\boldsymbol{R}_1=(\mu_{ij})_{p\times m}$。

$$\boldsymbol{R}_1=\begin{bmatrix} \mu_{11} & \mu_{12} & \cdots & \mu_{1m} \\ \mu_{21} & \mu_{22} & \cdots & \mu_{2m} \\ \vdots & \vdots & \ddots & \vdots \\ \mu_{p1} & \mu_{p2} & \cdots & \mu_{pm} \end{bmatrix} \tag{5.16}$$

2. 定量指标等级隶属度的确定

首先对 q 个定量指标的统计数据进行搜集，计算出各指标值 $X=\{x_1, x_2 \cdots, x_q\}$，然后根据指标等级划分的结果，对确立的各定量指标的等级 $V=\{v_1, v_2 \cdots, v_m\}$ 进行等级云化。假设定量指标 C_i 对应的等级 v_i 的上下边界分别为 x_{ij}^1，x_{ij}^2，则可以根据下面的公式将 C_i 对应的等级 v_i 这一定性概念转化为正态云模型进行表示：

$$Ex_{ij} = (x_{ij}^1 + x_{ij}^2)/2 \tag{5.17}$$

式中：Ex_{ij} 表示定量指标 C_i 对应的等级 v_i 正态云模型的期望；由于定量指标 C_i 对应的等级 v_i 的上、下边界值是从一种等级过渡到另一种等级的临界值，因此应同时隶属于 2 种级别，具有一定模糊性，且隶属度相等，即有：

$$\exp\left[-\frac{(x_{ij}^1 - x_{ij}^2)^2}{8(En_{ij})^2} \right] \approx 0.5 \tag{5.18}$$

$$En_{ij} = (x_{ij}^1 - x_{ij}^2)/2.355$$

式中：En_{ij} 表示定量指标 C_i 对应的等级 v_i 正态云模型的熵；x_{ij}^1，x_{ij}^2 分别表示定量指标 C_i 对应的等级 v_i 的上、下边界值。

超熵 He_{ij} 表示对熵的不确定度量，反映云滴的凝聚程度，超熵值越小，云的厚度越小，反之亦然。通常情况下，要求 $En_{ij}/He_{ij} > 10$，此时 Ex 的绝对误差小于 0.01，En 的相对误差小于 2%，He 的相对误差小于 10%[225]。本书根据专家讨论和试验，令，

$$En_{ij}/He_{ij} = 20 \tag{5.19}$$

以此计算超熵 He_{ij}。

根据上述定义可记 C_i 对应的等级 v_i 的云模型为 C_{ij}（Ex_{ij}，En_{ij}，He_{ij}），同理可以得到定量指标等级标准矩阵：

$$C^* = \left[C_{ij}(Ex_{ij}, En_{ij}, He_{ij}) \right]_{q \times m} \tag{5.20}$$

进而，根据正向云发生器，利用如下公式：

$$\mu(x) = e^{-\frac{(x-Ex)^2}{2En^2}} \tag{5.21}$$

结合已得定量指标等级标准矩阵 $C* = \left[C_{ij}(Ex_{ij}, En_{ij}, He_{ij}) \right]_{q \times m}$，通过 Matlab 软件编程，设计出各个定量指标等级隶属度函数运算语言。

最后，将各定量指标值代入等级隶属度函数，计算得到所有定量指标隶属于每个等级的隶属度矩阵 $R_2 = (\mu_{ij})_{q \times m}$，需要注意的是，由云模型得出的隶属度矩阵有异于传统模糊数学中的隶属矩阵。因而，为了增加评估的可信度，要对正向云发生器重复运行 N 次，计算出在不同隶属度情况下的平均综合值：

$$\mu_{ij} = \sum_{k=1}^{N} \mu_{ij}^k / N \tag{5.22}$$

$$R_2 = \begin{bmatrix} \mu_{11} & \mu_{12} & \cdots & \mu_{1m} \\ \mu_{21} & \mu_{22} & \cdots & \mu_{2m} \\ \vdots & \vdots & \ddots & \vdots \\ \mu_{q1} & \mu_{q2} & \cdots & \mu_{qm} \end{bmatrix} \tag{5.23}$$

3. 指标体系隶属度

将定性指标等级隶属度矩阵 $R_1 = (\mu_{ij})_{p \times m}$ 和定量指标等级隶属度矩阵 $R_2 = (\mu_{ij})_{q \times m}$ 合并汇总，形成整个指标体系的等级隶属度矩阵 $R = (\mu_{ij})_{n \times m}$。

$$R = \begin{bmatrix} \mu_{11} & \mu_{12} & \cdots & \mu_{1m} \\ \mu_{21} & \mu_{22} & \cdots & \mu_{2m} \\ \vdots & \vdots & \ddots & \vdots \\ \mu_{n1} & \mu_{n2} & \cdots & \mu_{nm} \end{bmatrix} \tag{5.24}$$

5.3.4　预警等级评估

风险是一种实际绩效与预期绩效的负向偏差。将指标等级"很好"设定为预期绩效，处于无警情状态，则凡是低于等级"很好"的指标即与预期绩效存在偏差，可视为存在风险，进而可将"好""一般""差""很差"分别对应于四级预警、三级预警、二级预警、一级预警。利用 ANP 所计算出的指标权重 $W = \{w_1, w_2, \cdots, w_n\}$ 与指标体系的等级隶属度矩阵 $R = (\mu_{ij})_{n \times m}$ 计算出预警等级隶属度向量 $B = W \times R = \{b_1, b_2, \cdots, b_m\}$，由此计算出，区域特种设备安全状况隶属于不同风险等级的隶属度，可用最大隶属度原则或加权隶属度原则来确定预警等级。

1. 最大隶属度原则

当评价结果 $B = \{b_1, b_2, \cdots, b_m\}$ 中各等级隶属度相差较大时，可用最大隶属度原则来衡量预警等级，即选择隶属度集中的 $\max \{b_i\}$ 所对应的等级作为预警等级结果。

最大隶属度有效性检验可通过如下公式进行：

$$a = \frac{m\beta - 1}{2\gamma(m-1)} \tag{5.25}$$

其中，m 为评价结果 $B = \{b_1, b_2, \cdots, b_m\}$ 中元素的个数，也就是等级数量，β 为 $B = \{b_1, b_2, \cdots, b_m\}$ 中的最大隶属度值 $\max \{b_i\}$，γ 为 $B = \{b_1, b_2, \cdots, b_m\}$ 中的第二大隶属度值。a 越大，最大隶属度原则的有效性越大。通常可以认为，如果 $a \to +\infty$，则最大隶属度原则完全有效；如果 $1 \leqslant a < +\infty$，则最大隶属度原则很有效；如果 $0.5 \leqslant a < 1$，则最大隶属度原则比较有效；如果 $0 \leqslant a < 0.5$，则最大隶属度原则低效；如果 $a = 0$，则最大隶属度原则无效；

2. 加权隶属度原则

当最大隶属度原则失效时，我们一般采用加权平均隶属度原则来解决，用合理的数量指标 $j = 1, 2, \cdots, m$ 分别将评价 $1 - m$ 等级变量量化，然后根据下式计算等级变量特征值。

$$j^* = \frac{\sum\limits_{j=1}^{m} j b_j}{\sum\limits_{j=1}^{m} b_j} \tag{5.26}$$

得到预警等级变量特征值 j^* 与预警等级中的哪个量化值最接近，就可判断评价对象最趋近这一预警等级。

本书在实证研究过程中发现各地区各等级隶属度相差较小，故主要采用加权隶属度的方法判断预警等级。将风险预警等级分为 5 级（$m=5$），用 1～5 五个数值分别对应无警情、四级预警、三级预警、二级预警、一级预警的量化值，由此计算预警等级变量特征值 j^*，则预警等级变量特征值区间所对应的预警等级如表 5.5 所示：

表 5.5　预警等级变量特征值区间所对应的预警等级

预警等级	预警等级变量特征值区间
无警情（绿）	1～1.5
四级预警（蓝）	1.5～2.5
三级预警（黄）	2.5～3.5
二级预警（橙）	3.5～4.5
一级预警（红）	4.5～5

第6章 基于监管视角的区域特种设备安全风险预警等级测算

基于监管视角的区域特种设备安全风险预警模型的合理性、科学性和实用性需要通过实际应用来检验。本章以2015年为例，运用所构建的基于监管视角的区域特种设备安全风险预警模型，对我国31个省级行政区域的区域特种设备安全风险等级及各维度安全风险等级进行了测算，并根据风险等级高低进行排序，绘制了风险等级地图，从区域特种设备安全风险预警等级、各维度安全风险等级、单个区域综合情况3个角度进行了结果分析。

6.1 样本选择及数据来源

6.1.1 样本选择

目前，我国在区域划分方面主要有行政区域划分、地理区域划分和经济圈划分等方式，本书针对基于监管视角的区域特种设备安全风险预警的实证需要，为了使研究结论产生更大的实际应用价值，同时考虑研究数据的易取性、权威性和可比性，故选择我国内地31个省级行政区域作为研究对象，从监管的视角出发，对各个省级行政区域的区域特种设备安全风险预警等级进行计算、评价和对比分析。受限于特种设备各省统计数据的更新，定量数据均取自2015年的实际数据，故本章节所测算结果均为2015年的各省级行政区域特种设备安全状况。

6.1.2 数据来源

1. 定性指标数据来源

本书采用问卷调查的方式获取定性指标的数据，通过设计调查问卷，采用5级量表法对定性指标进行评价，即定性指标评价的语言集为 V = ｛V1＝DL（很差），V2＝L（差），V3＝M（一般），V4＝H（好），V5＝DH（很好）｝，为了保证定性评价的准确性，尽可能的消除评价的主观性，在发放调查问卷时，面向31个省级行政区域的特种设备监察机构/检验机构和生产/使用单位，采用现场调研和电子邮件的方式，各省和各类人员分别随机发放10个问卷，即各省级行政区域调查10名特种设备安全监察及检验人员，10 名特种设备生产及使用单位人员，具体调查问卷见附录 D，以此得到问卷调查数据。

经过近 3 个月的问卷调查，将所得到的问卷调查结果，统计于附录 E 表 1。以 Z2 省 C1-1 指标的调查结果为例，（1，2，3，4，0）表示评价 Z2 省 C1-1 指标很差的专家有 1 人，评价 Z2 省 C1-1 指标差的专家有 2 人，评价 Z2 省 C1-1 指标一般的专家有 3 人，评价 Z2 省 C1-1 指标好的专家有 4 人，无专家认为 Z2 省 C1-1 指标很好。

2. 定量指标数据来源

定量指标的数据大部分来源于国家统计局正式出版的《中国统计年鉴（2016）》、原国家质检总局特种设备综合统计目录（2015）等权威机构发布的专业报告，其中舆情处理能力指标数据来源于《中国信息社会发展报告 2015》，社会发展水平指标数据来源于 21 综合发展水平指数报告，具有较高的可信度和客观性。

除此之外，作业人员资质和设备使用登记情况两个指标的基础数据来源于现场监察的记录，通过随机抽查各省重点城市的现场监察记录，统计记录中未持证和未登记记录的数量，即可得到抽查作业人员持证数量和抽查特种设备登记数量，以此得到作业人员持证率和特种设备登记率。网络关注度、态度倾向性、事件发酵时长三项指标数据源于百度检索当年地区特种设备事故名称，分别统计事故报道数量，负面报道数量，事件持续时间，进而计算得出。

获取基础统计数据后，根据指标体系说明中指标计算的公式（见表5.2），计算出定量指标数据，见附录 E（表 E.2）所示。

6.2 预警等级测算过程

6.2.1 指标权重计算

1. 一级指标权重计算

根据第 5 章的分析，一级指标可分为系统内部风险指标和系统外部风险（宏观环境）指标。系统内部风险指标是影响区域特种设备安全的主要因素，相比宏观环境而言，系统内部风险包含的风险指标数量多，影响更明显，因此，通过与专家们讨论，一致确定了系统内部风险与系统外部风险的相对判断矩阵。如表 6.1 所示，通过 AHP 法进行计算，得到两者权重。系统内部风险指标所占权重 0.9，系统外部风险指标所占权重 0.1。系统内部风险所含各一级指标权重可根据系统内部风险二级指标 ANP 计算结果加和计算而得，结果见表6.8。

表6.1　系统内部风险与系统外部风险的相对判断矩阵及权重向量

	系统内部风险	系统外部风险	权重
系统内部风险	1	9	0.9
系统外部风险	1/9	1	0.1
一致性检验 $\lambda_{max}=2$；$CI=CR=0$			

2. 二级指标权重计算

（1）系统内部风险二级指标权重计算

根据第五章中所构建的系统内部风险的典型 ANP 网络结构图，在 SD 软件中绘制网络结构图，自动形成两两判断矩阵后，将调查问卷所得的专家评价进行加权平均后输入软件进行计算。本次实证共调查了 10 位专家，每个专家的权重设为 0.1。

以作业人员状态为准则，监管资源和监管执行按照对作业人员状态的影响大小进行相对重要性比较，计算得到权重量，如表 6.2 所示，一致性检验结果 CR 为 0，小于 0.1，说明可以接受。

表6.2　监管状态对作业人员状态的相对重要性及权重向量

C8 作业人员状态	C5 监管资源	C6 监管执行	权重
C5 监管资源	1	1/2	0.33333
C6 监管执行	2	1	0.66667
$CR=0$			

以设备状态为准则，监管资源和监管执行按照对设备状态的影响大小进行相对重要性比较，计算得到权重，如表 6.3 所示，一致性检验结果 CR 为 0，小于 0.1，说明可以接受。

表6.3　监管状态对设备状态的相对重要性及权重向量

C9 设备状态	C5 监管资源	C6 监管执行	权重
C5 监管资源	1	10/11	0.47619
C6 监管执行	11/10	1	0.52381
$CR=0$			

以安全管理状况为准则，监管资源和监管执行按照对安全管理状况的影响大小进行相对重要性比较，计算得到权重，如表 6.4 所示，一致性检验结果 CR 为 0，小于 0.1，说明可以接受。

表 6.4　监管状态对安全管理状况的相对重要性及权重向量

C10 安全管理状况	C5 监管资源	C6 监管执行	权重
C5 监管资源	1	10/11	0.47619
C6 监管执行	11/10	1	0.52381
CR＝0			

以安全环境为准则，监管资源和监管执行按照对安全环境的影响大小进行相对重要性比较，计算得到权重，如表 6.5 所示，一致性检验结果 CR 为 0，小于 0.1，说明可以接受。

表 6.5　监管状态对安全环境的相对重要性及权重向量

C11 安全环境	C5 监管资源	C6 监管执行	权重向量
C5 监管资源	1	19/10	0.65517
C6 监管执行	10/19	1	0.34483
CR＝0			

以技术水平为准则，监管资源和监管执行按照对技术水平的影响大小进行相对重要性比较，计算得到权重，如表 6.6 所示，一致性检验结果 CR 为 0，小于 0.1，说明可以接受。

表 6.6　监管状态对技术水平的相对重要性及权重向量

C12 技术水平	C5 监管资源	C6 监管执行	权重向量
C5 监管资源	1	10/22	0.31250
C6 监管执行	22/10	1	0.68750
CR＝0			

将表 6.2～表 6.6 五个权重向量顺序组合，又因监管状态中的二级指标应急与舆情管理对行业状况的所有二级指标均无影响关系，故可得到 w_{23} 判断矩阵，其为超矩阵 W 的一个子块。

$$w_{23}=\begin{bmatrix} 0.33 & 0.48 & 0.48 & 0.66 & 0.31 \\ 0.67 & 0.52 & 0.52 & 0.34 & 0.69 \\ 0 & 0 & 0 & 0 & 0 \end{bmatrix}$$

$$W = \begin{bmatrix} w_{11} & w_{12} & w_{13} & w_{14} \\ w_{21} & w_{22} & w_{23} & w_{24} \\ w_{31} & w_{32} & w_{33} & w_{34} \\ w_{41} & w_{42} & w_{43} & w_{44} \end{bmatrix}$$

重复上述过程，将所有二级指标的两两对比值输入 SD 软件并进行计算，得到判断矩阵 w_{ij}，并将判断矩阵按照特定顺序组成未加权的超矩阵 W。

$$W = \begin{bmatrix} 0 & 0 & 0.333 & 0.333 & 0 & 0.167 & 0 & 0.167 & 0.333 & 0.250 & 0 & 0 \\ 0 & 0 & 0.667 & 0.667 & 1 & 0.883 & 1 & 0.883 & 0.667 & 0.750 & 0 & 0 \\ 0.333 & 0.072 & 0 & 0 & 0 & 0.333 & 0.476 & 0.476 & 0.655 & 0.313 & 0.072 & 0 \\ 0.667 & 0.114 & 0 & 0 & 0 & 0.667 & 0.524 & 0.524 & 0.345 & 0.687 & 0.114 & 0.100 \\ 0 & 0.824 & 0 & 0 & 0 & 0 & 0 & 0 & 0 & 0 & 0.814 & 0.900 \\ 0.417 & 0.233 & 0.283 & 0.273 & 0 & 0 & 0 & 0 & 0 & 0 & 0.341 & 0.302 \\ 0 & 0.496 & 0.241 & 0.408 & 0 & 0 & 0 & 0 & 0 & 0 & 0.452 & 0.492 \\ 0.417 & 0.161 & 0.262 & 0.234 & 0 & 0 & 0 & 0 & 0 & 0 & 0.114 & 0.116 \\ 0.083 & 0.055 & 0.111 & 0.042 & 0 & 0 & 0 & 0 & 0 & 0 & 0.045 & 0.045 \\ 0.083 & 0.055 & 0.103 & 0.043 & 0 & 0 & 0 & 0 & 0 & 0 & 0.048 & 0.045 \\ 0 & 0 & 1 & 0.500 & 0.500 & 0.500 & 0.500 & 0.500 & 0.500 & 0.500 & 0 & 0 \\ 0 & 0 & 0 & 0.500 & 0.500 & 0.500 & 0.500 & 0.500 & 0.500 & 0.500 & 0 & 0 \end{bmatrix}$$

超矩阵 W 的子块 w_{ij} 的列是归一化的，但超矩阵 W 的列并不是归一化的。对超矩阵 W 内的每一列块进行相对权重确定，也就是将每个元素组作为一个元素，针对某一个元素组进行两两比较，即将一级指标进行两两比较，判断其影响作用的大小，从而得到该元素组对其他元素组的归一化的排序向量。

这里用 a_{ij} 表示，它表示第 i 个元素组对第 j 个元素组的影响权值，如果没有影响，就标记为 0，且 $\sum\limits_{j=1}^{4} a_{ij} = 1$。

与上述计算过程类似，最终可得到得到权重矩阵 A 如下：

$$A = \begin{bmatrix} a_{11} & a_{12} & a_{13} & a_{14} \\ a_{21} & a_{22} & a_{23} & a_{24} \\ a_{31} & a_{32} & a_{33} & a_{34} \\ a_{41} & a_{42} & a_{43} & a_{44} \end{bmatrix} = \begin{bmatrix} 0 & 0.179 & 0.111 & 0 \\ 0.250 & 0 & 0.667 & 0.125 \\ 0.750 & 0.612 & 0 & 0.875 \\ 0 & 0.209 & 0.222 & 0 \end{bmatrix}$$

根据所得 W 及 A，加权超矩阵计算权重如下：

$$\overline{W} = W \cdot A = \begin{bmatrix} a_{11}w_{11} & a_{12}w_{12} & a_{13}w_{13} & a_{14}w_{14} \\ a_{21}w_{21} & a_{22}w_{22} & a_{23}w_{23} & a_{24}w_{24} \\ a_{31}w_{31} & a_{32}w_{32} & a_{33}w_{33} & a_{34}w_{34} \\ a_{41}w_{41} & a_{42}w_{42} & a_{43}w_{43} & a_{44}w_{44} \end{bmatrix}$$

$$\overline{W} = \begin{bmatrix}
0 & 0 & 0.060 & 0.060 & 0 & 0.019 & 0 & 0.019 & 0.037 & 0.028 & 0 & 0 \\
0 & 0 & 0.119 & 0.119 & 0.460 & 0.093 & 0.111 & 0.093 & 0.074 & 0.083 & 0 & 0 \\
0.083 & 0.018 & 0 & 0 & 0 & 0.222 & 0.318 & 0.317 & 0.437 & 0.208 & 0.009 & 0 \\
0.167 & 0.028 & 0 & 0 & 0 & 0.444 & 0.349 & 0.349 & 0.230 & 0.459 & 0.014 & 0.013 \\
0 & 0.204 & 0 & 0 & 0 & 0 & 0 & 0 & 0 & 0 & 0.102 & 0.113 \\
0.313 & 0.175 & 0.173 & 0.167 & 0 & 0 & 0 & 0 & 0 & 0 & 0.298 & 0.264 \\
0 & 0.372 & 0.148 & 0.250 & 0 & 0 & 0 & 0 & 0 & 0 & 0.396 & 0.431 \\
0.313 & 0.121 & 0.160 & 0.143 & 0 & 0 & 0 & 0 & 0 & 0 & 0.100 & 0.101 \\
0.062 & 0.041 & 0.068 & 0.025 & 0 & 0 & 0 & 0 & 0 & 0 & 0.039 & 0.039 \\
0.062 & 0.041 & 0.063 & 0.026 & 0 & 0 & 0 & 0 & 0 & 0 & 0.042 & 0.039 \\
0 & 0 & 0.209 & 0.105 & 0.270 & 0.111 & 0.111 & 0.111 & 0.111 & 0.111 & 0 & 0 \\
0 & 0 & 0 & 0.105 & 0.270 & 0.111 & 0.111 & 0.111 & 0.111 & 0.111 & 0 & 0
\end{bmatrix}$$

使用幂法对加权超矩阵 $\overline{W}$ 求极限，直到矩阵各列向量保持不变、呈现稳定状态为止，每行相同的数值即为各元素的权重，通过 SD 软件计算得加权超矩阵 $\overline{W}$ 的极限矩阵 $\overline{W}^{\infty}$。

$$\overline{W}^{\infty} = \begin{bmatrix}
0.022 & 0.022 & 0.022 & 0.022 & 0.022 & 0.022 & 0.022 & 0.022 & 0.022 & 0.022 & 0.022 & 0.022 \\
0.090 & 0.090 & 0.090 & 0.090 & 0.090 & 0.090 & 0.090 & 0.090 & 0.090 & 0.090 & 0.090 & 0.090 \\
0.121 & 0.121 & 0.121 & 0.121 & 0.121 & 0.121 & 0.121 & 0.121 & 0.121 & 0.121 & 0.121 & 0.121 \\
0.160 & 0.160 & 0.160 & 0.160 & 0.160 & 0.160 & 0.160 & 0.160 & 0.160 & 0.160 & 0.160 & 0.160 \\
0.036 & 0.036 & 0.036 & 0.036 & 0.036 & 0.036 & 0.036 & 0.036 & 0.036 & 0.036 & 0.036 & 0.036 \\
0.118 & 0.118 & 0.118 & 0.118 & 0.118 & 0.118 & 0.118 & 0.118 & 0.118 & 0.118 & 0.118 & 0.118 \\
0.160 & 0.160 & 0.160 & 0.160 & 0.160 & 0.160 & 0.160 & 0.160 & 0.160 & 0.160 & 0.160 & 0.160 \\
0.077 & 0.077 & 0.077 & 0.077 & 0.077 & 0.077 & 0.077 & 0.077 & 0.077 & 0.077 & 0.077 & 0.077 \\
0.024 & 0.024 & 0.024 & 0.024 & 0.024 & 0.024 & 0.024 & 0.024 & 0.024 & 0.024 & 0.024 & 0.024 \\
0.024 & 0.024 & 0.024 & 0.024 & 0.024 & 0.024 & 0.024 & 0.024 & 0.024 & 0.024 & 0.024 & 0.024 \\
0.097 & 0.097 & 0.097 & 0.097 & 0.097 & 0.097 & 0.097 & 0.097 & 0.097 & 0.097 & 0.097 & 0.097 \\
0.071 & 0.071 & 0.071 & 0.071 & 0.071 & 0.071 & 0.071 & 0.071 & 0.071 & 0.071 & 0.071 & 0.071
\end{bmatrix}$$

由此初步得到系统内部风险二级指标的权重，如表 6.7 所示。

表 6.7 系统内部风险二级指标的初始权重

风险类别	一级指标	二级指标	局部权重	权重
系统内部风险	B2 体制制度	C3 监管体制合理性	0.196	0.022
		C4 法规体系健全性	0.804	0.090
	B3 监管状态	C5 监管资源	0.382	0.121
		C6 监管执行	0.504	0.160
		C7 应急与舆情管理	0.114	0.036

表 6.7（续）

风险类别	一级指标	二级指标	局部权重	权重
系统内部风险	B4 行业状况	C8 作业人员状态	0.293	0.118
		C9 设备状态	0.398	0.160
		C10 安全管理状况	0.191	0.077
		C11 安全环境	0.059	0.024
		C12 技术水平	0.059	0.024
	B5 事故影响	C13 事故直接影响	0.575	0.097
		C14 网络舆情影响	0.425	0.071

因系统内部风险所占比重 0.9，故将所得结果同乘以 0.9，得到系统内部风险二级指标及一级指标权重，如表 6.8 所示。

表 6.8　系统内部风险二级指标及一级指标权重

风险类别	一级指标	权重	二级指标	权重
系统内部风险	B2 体制制度	0.101	C3 监管体制合理性	0.020
			C4 法规体系健全性	0.081
	B3 监管状态	0.286	C5 监管资源	0.109
			C6 监管执行	0.144
			C7 应急与舆情管理	0.033
	B4 行业状况	0.362	C8 作业人员状态	0.106
			C9 设备状态	0.144
			C10 安全管理状况	0.069
			C11 安全环境	0.022
			C12 技术水平	0.021
	B5 事故影响	0.151	C13 事故直接影响	0.087
			C14 网络舆情影响	0.064

（2）系统外部风险二级指标权重计算

系统外部风险二级指标自然环境和社会经济环境之间不存在相互影响关系。因此，同样可通过构建判断矩阵，采用 AHP 法对其指标局部权重进行计算，如表 6.9。

表 6.9　自然环境与社会经济环境的相对判断矩阵及权重

	C1 自然环境	C2 社会经济环境	权重
C1 自然环境	1	1/4	0.2
C2 社会经济环境	4	1	0.8
一致性检验 $\lambda_{max}=2$；$CI=CR=0$			

进而将所得二级指标局部权重与系统外部风险一级指标的权重相乘，得到系统外部风险二级指标权重。如表 6.10 所示。

表 6.10　系统外部风险二级指标权重

风险类别	一级指标	权重	二级指标	权重
系统外部风险	B1 宏观环境	0.1	C1 自然环境	0.020
			C2 社会经济环境	0.080

3. 三级指标权重计算

由于三级指标及其细分衡量指标是衡量二级指标的，数量较多且基本上独立，用简单的 AHP 法确定权重即可。前文已述，AHP 可以视为 ANP 的特殊情况，即不考虑指标间相互的影响关系即可，所以三级指标权重的确定也可以通过 SD 软件进行，按相同方法，输入专家问卷评分，得到三级指标的局部权重，其值乘以二级指标权重，最终得到所有指标的权重。如表 6.11 所示。

表 6.11　基于监管视角的区域特种设备安全风险预警指标权重

一级指标及局部权重	二级指标及局部权重	三级指标及局部权重	全局权重
B1 宏观环境 (0.100)	C1 自然环境 (0.200)	C1-1 地质条件 (0.500)	0.010
		C1-2 气候条件 (0.500)	0.010
	C2 社会经济环境 (0.800)	C2-1 社会发展水平 (0.500)	0.040
		C2-2 经济发展水平 (0.500)	0.040
B2 体制制度 (0.101)	C3 监管体制合理性 (0.196)	C3-1 国家监管体制合理性 (0.600)	0.012
		C3-2 地方监管体制合理性 (0.400)	0.008
	C4 法规体系健全性 (0.804)	C4-1 国家法规体系健全程度 (0.600)	0.049
		C4-2 地方法规体系健全程度 (0.400)	0.032
B3 监管状态 (0.286)	C5 监管资源 (0.382)	C5-1 人员配置 (0.400)	0.043
		C5-2 资金投入 (0.300)	0.033
		C5-3 物力资源 (0.300)	0.033
	C6 监管执行 (0.504)	C6-1 监督检验执行情况 (0.280)	0.041
		C6-2 定期检验执行情况 (0.320)	0.046
		C6-3 执法监督检查情况 (0.200)	0.029
		C6-4 事故处理执行情况 (0.100)	0.014
		C6-5 安全监察责任履行 (0.100)	0.014
	C7 应急与舆情管理 (0.114)	C7-1 应急管理平台 (0.300)	0.010
		C7-2 事故应急预案 (0.350)	0.012
		C7-3 舆情监测平台 (0.150)	0.005
		C7-4 舆情处理能力 (0.200)	0.006

表 6.11（续）

一级指标及局部权重	二级指标及局部权重	三级指标及局部权重	全局权重
B4 行业状况 (0.362)	C8 作业人员状态 (0.293)	C8-1 作业人员配置 (0.400)	0.042
		C8-2 作业人员资质 (0.400)	0.042
		C8-3 作业人员工作经验 (0.200)	0.022
	C9 设备状态 (0.398)	C9-1 设备使用登记情况 (0.400)	0.058
		C9-2 监督检验存在问题情况 (0.300)	0.043
		C9-3 定期检验存在问题情况 (0.300)	0.043
	C10 安全管理状况 (0.191)	C10-1 安全管理合规性 (0.450)	0.031
		C10-2 安全管理问题整改 (0.300)	0.021
		C10-3 安全管理人员配置 (0.250)	0.017
	C11 安全环境 (0.059)	C11 安全环境 (1.000)	0.022
	C12 技术水平 (0.059)	C12 技术水平 (1.000)	0.021
B5 事故影响 (0.151)	C13 事故直接影响 (0.576)	C13-1 事故数量 (0.350)	0.030
		C13-2 事故伤亡情况 (0.350)	0.030
		C13-3 事故经济损失 (0.300)	0.027
	C14 网络舆情影响 (0.424)	C14-1 网民关注度 (0.200)	0.012
		C14-2 态度倾向性 (0.400)	0.026
		C14-3 事件发酵时长 (0.400)	0.026

6.2.2 指标等级划分

单指标等级划分是隶属度计算的基础，由于基于监管视角的区域特种设备安全风险预警指标体系中定性指标已通过专家评价的方式，用 1~5 的数值对定性指标进行了评分，其中 1~5 可以分别代表 5 个等级，无需再进行等级划分，故本节仅针对定量指标，根据其样本数据的分布特点，划分 5 个等级区间。

1. 确定样本指标的分布

将定量指标的样本数据输入 SPSS 软件进行单样本 Kolmogorov-Smirnov 检验。在检验之前将指标样本数据中的极端值剔除，例如监察人员配置，大部分样本分布在 0~1000，将超出部分样本剔除。另外，C6-3 和 C6-4 两个指标的样本数据均为 100%，故不符合正态分布。对其他指标进行检验，检验结果见表 6.12，可以发现各指标的显著性检验值均大于 0.05，由此可以判断除 C6-3 和 C6-4 两个指标外，其他指标的样本数据均服从正态分布，可按照 5.3.2 节所介绍的方法初步划分各指标等级。

2. 初步划分指标等级

根据上述正态分布检验的结果，将服从正态分布的指标的样本均值 μ，标准差 σ 代入公式（5.8）至公式（5.11），计算出 4 个等级节点，并根据指标的正、负向性，参照公式（5.12）和公式（5.13）初步划分指标等级。同时，对 C6-3 和 C6-4 两个指标采用专家经验法进行等级划分、如表 6.13 所示。

表6.12　指标单样本 Kolmogorov-Smirnov 检验结果

指标样本		C2-1	C2-2	C5-1	C5-2	C5-3	C6-1	C6-2	C7-4	C8-1	C8-2	C8-3	C9-1
N		31	31	31	28	31	31	29	31	31	31	30	31
正态参数 a, b	均值	0.427	53083.810	82.765	709.812	920.354	0.929	0.943	52.145	1.002	0.926	0.560	0.920
	标准差	0.094	23308.500	36.895	243.230	464.925	0.066	0.054	20.249	0.3335	0.049	0.116	0.051
最极端差别	绝对值	0.152	0.203	0.158	0.092	0.167	0.216	0.233	0.102	0.100	0.102	0.226	0.090
	正	0.152	0.203	0.158	0.092	0.167	0.142	0.145	0.075	0.100	0.072	0.105	0.067
	负	-0.067	-0.124	-0.120	-0.091	-0.114	-0.216	-0.233	-0.102	-0.058	-0.102	-0.226	-0.090
Kolmogorov-Smirnov Z		0.849	1.131	0.879	0.489	0.930	1.204	1.253	0.567	0.555	0.566	1.239	0.503
渐近显著性（双侧）		-0.467	0.155	0.422	0.971	0.353	0.110	0.087	0.905	0.918	0.905	0.093	0.962

指标样本		C9-2	C9-3	C10-1	C10-2	C10-3	C13-1	C13-2	C13-3	C14-1	C14-2	C14-3
N		30	31	31	31	31	17	17	17	15	15	15
正态参数 a, b	均值	0.1711	0.234	0.765	0.908	0.103	0.156	0.229	9.696	23.600	0.183	2.600
	标准差	0.160	0.248	0.132	0.061	0.047	0.119	0.177	14.172	26.351	0.255	2.098
最极端差别	绝对值	0.204	0.237	0.192	0.118	0.228	0.141	0.168	0.278	0.215	0.297	0.311
	正	0.204	0.237	0.154	0.069	0.228	0.141	0.168	0.278	0.215	0.297	0.311
	负	-0.165	-0.173	-0.192	-0.118	-0.115	-0.131	-0.130	-0.247	-0.196	-0.236	-0.223
Kolmogorov-Smirnov Z		1.115	1.318	1.067	0.656	1.269	0.579	0.692	1.146	0.831	1.151	1.203
渐近显著性（双侧）		0.167	0.062	0.205	0.783	0.080	0.890	0.724	0.145	0.495	0.141	0.111

表 6.13　初步划分的指标等级区间

指标	很好	好	一般	差	很差
C2-1 社会发展水平	>0.547	0.476~0.547	0.377~0.476	0.306~0.377	<0.306
C2-2 经济发展水平	>82955	65307~82955	40861~65307	23213~40861	<23213
C5-1 人员配置	>130.046	102.112~130.046	63.417~102.112	35.483~63.417	<35.483
C5-2 资金投入	>1021.523	837.362~1021.523	582.262~837.362	398.101~582.262	<398.101
C5-3 物力资源	>1516.179	1164.161~1516.179	676.548~1164.161	324.53~676.548	<324.53
C6-1 监督检验执行情况	>1.014	0.964~1.014	0.894~0.964	0.844~0.894	<0.844
C6-2 定期检验执行情况	>1.012	0.971~1.012	0.915~0.971	0.874~0.915	<0.874
C6-3 执法监督检查情况	>1.000	0.950~1.000	0.900~0.950	0.850~0.90	<0.850
C6-4 事故处理执行情况	>1.000	0.950~1.000	0.900~0.950	0.850~0.90	<0.850
C7-4 舆情处理能力	>78.095	62.764~78.095	41.527~62.764	26.195~41.527	<26.195
C8-1 作业人员配置	>1.43	1.177~1.43	0.827~1.177	0.575~0.827	<0.575
C8-2 作业人员资质	>0.989	0.952~0.989	0.9~0.952	0.863~0.9	<0.863
C8-3 作业人员工作经验	>0.708	0.621~0.708	0.499~0.621	0.412~0.499	<0.412
C9-1 设备使用登记情况	>0.985	0.946~0.985	0.893~0.946	0.855~0.893	<0.855
C9-2 监督检验存在问题情况	<-0.034	-0.034~0.087	0.087~0.255	0.255~0.376	>0.376
C9-3 定期检验存在问题情况	<-0.084	-0.084~0.104	0.104~0.364	0.364~0.551	>0.551
C10-1 安全管理合规性	>0.934	0.834~0.934	0.695~0.834	0.595~0.695	<0.595
C10-2 安全管理问题整改	>0.985	0.939~0.985	0.876~0.939	0.830~0.876	<0.830
C10-3 安全管理人员配置	>0.162	0.127~0.162	0.078~0.127	0.043~0.078	<0.043
C13-1 事故数量	<0.003	0.003~0.093	0.093~0.218	0.218~0.309	>0.309
C13-2 事故伤亡情况	<0.002	0.002~0.136	0.136~0.322	0.322~0.456	>0.456
C13-3 事故经济损失	<-8.466	-8.466~2.264	2.264~17.127	17.127~27.857	>27.857
C14-1 网络关注度	<-10.171	-10.171~9.781	9.781~37.419	37.419~57.371	>57.371
C14-2 态度倾向性	<-0.144	-0.144~0.050	0.050~0.317	0.317~0.510	>0.510
C14-3 事件发酵时长	<-0.088	-0.088~1.500	1.500~3.700	3.700~5.288	>5.288

3. 优化指标等级划分

通过开展讨论会的形式，与专家展开座谈，对初步划分的指标等级进行优化，一方面结合指标的性质和指标的现实情况对不合理的等级划分进行修正更改；另一方面对两侧区间的边界值进行确定，以便于后续云模型研究中等级云化的实现。在此特别说明，指标的样本值可以在边界值之外，当存在此现象时，该样本的指标仅隶属于该边界区间。由此得到最终优化后的指标等级划分结果，且在一定时期内，指标等级区间固定不变，如表 6.14 所示。

表 6.14　优化后的指标等级区间

指标	很好	好	一般	差	很差
C2-1 社会发展水平	0.5～0.55	0.45～0.5	0.35～0.45	0.3～0.35	0.25～0.3
C2-2 经济发展水平	60000～80000	40000～60000	30000～40000	20000～30000	10000～20000
C5-1 人员配置	130～160	100～130	60～100	30～60	0～30
C5-2 资金投入	1000～1200	800～1000	600～800	400～600	200～400
C5-3 物力资源	1500～2000	1000～1500	700～1000	300～700	0～300
C6-1 监督检验执行情况	100%	95%～100%	90%～95%	85%～90%	80%～85%
C6-2 定期检验执行情况	100%	95%～100%	90%～95%	85%～90%	80%～85%
C6-3 执法监督检查情况	100%	95%～100%	90%～95%	85%～90%	80%～85%
C6-4 事故处理执行情况	100%	95%～100%	90%～95%	85%～90%	80%～85%
C7-4 舆情处理能力	80～100	60～80	40～60	25～40	0～25
C8-1 作业人员配置	1.4～1.6	1.2～1.4	0.8～1.2	0.6～0.8	0.4～0.6
C8-2 作业人员资质	100%	95%～100%	90%～95%	85%～90%	80%～85%

表 6.14（续）

指标	很好	好	一般	差	很差
C8‐3 作业人员工作经验	70％～80％	60％～70％	50％～60％	40％～50％	30％～40％
C9‐1 设备使用登记情况	100％	95％～100％	90％～95％	85％～90％	80％～85％
C9‐2 监督检验存在问题情况	0	0～0.1	0.1～0.25	0.25～0.35	0.35～0.45
C9‐3 定期检验存在问题情况	0	0～0.1	0.1～0.35	0.35～0.55	0.55～0.75
C10‐1 安全管理合规性	90％～100％	80％～90％	70％～80％	60％～70％	50％～60％
C10‐2 安全管理问题整改	100％	90％～100％	85％～90％	80％～85％	75％～80％
C10‐3 安全管理人员配置	16％～20％	12％～16％	8％～12％	4％～8％	0～4％
C13‐1 事故数量	0	0～0.1	0.1～0.2	0.2～0.3	0.3～0.4
C13‐2 事故伤亡情况	0	0～0.15	0.15～0.3	0.3～0.45	0.45～0.6
C13‐3 事故经济损失	0	0～5	5～15	15～25	25～35
C14‐1 网络关注度	0	0～10	10～35	35～60	60～85
C14‐2 态度倾向性	0	0～5％	5％～30％	30％～50％	50％～70％
C14‐3 事件发酵时长	0	0～2	2～4	4～5	5～6

6.2.3　指标隶属度计算

1. 定量指标隶属度计算

首先将上述划分的定量指标等级进行云化。根据定量指标等级标准，利用公式（5.16）至公式（5.19）将各个定量指标所对应的五个等级用相应的正态云模型进行表示，分别得到三个数字特征（Ex，En，He），如表 6.15 所示：

表6.15　定量指标等级云化结果

指标	很好			好			一般			差			很差		
	Ex	En	He	Ex	En	He	Ex	En	He	Ex	En	He	Ex	En	He
C2-1 社会发展水平	0.525	0.021	0.001	0.475	0.021	0.001	0.4	0.042	0.002	0.325	0.021	0.001	0.275	0.021	0.001
C2-2 经济发展水平	70000	8492.569	424.628	50000	8492.569	424.628	35000	4246.285	212.314	25000	4246.285	212.314	15000	4246.285	212.314
C5-1 人员配置	145	12.739	0.637	115	12.739	0.637	80	16.985	0.849	45	12.739	0.637	15	12.739	0.637
C5-2 资金投入	1100	84.926	4.246	900	84.926	4.246	700	84.926	4.246	500	84.926	4.246	300	84.926	4.246
C5-3 物力资源	1750	212.314	10.616	1250	212.314	10.616	850	127.389	6.369	500	169.851	8.493	150	127.389	6.369
C6-1 监督检验执行情况	1	0.000	0.000	0.975	0.021	0.001	0.925	0.021	0.001	0.875	0.021	0.001	0.825	0.021	0.001
C6-2 定期检验执行情况	1	0.000	0.000	0.975	0.021	0.001	0.925	0.021	0.001	0.875	0.021	0.001	0.825	0.021	0.001
C6-3 执法监督检查情况	1	0.000	0.000	0.975	0.021	0.001	0.925	0.021	0.001	0.875	0.021	0.001	0.825	0.021	0.001
C6-4 事故处理执行情况	1	0.000	0.000	0.975	0.021	0.001	0.925	0.021	0.001	0.875	0.021	0.001	0.825	0.021	0.001
C7-4 舆情处理能力	90	8.493	0.425	70	8.493	0.425	50	8.493	0.425	32.5	6.369	0.318	12.5	10.616	0.531
C8-1 作业人员配置	1.5	0.085	0.004	1.3	0.085	0.004	1	0.170	0.008	0.7	0.085	0.004	0.5	0.085	0.004
C8-2 作业人员资质	1	0.000	0.000	0.975	0.021	0.001	0.925	0.021	0.001	0.875	0.021	0.001	0.825	0.021	0.001
C8-3 作业人员工作经验	0.75	0.042	0.002	0.65	0.042	0.002	0.55	0.042	0.002	0.45	0.042	0.002	0.35	0.042	0.002
C9-1 设备使用登记情况	1	0.000	0.000	0.975	0.021	0.001	0.925	0.021	0.001	0.875	0.021	0.001	0.825	0.021	0.001
C9-2 监督检验存在问题情况	0	0.000	0.000	0.05	0.042	0.002	0.175	0.064	0.003	0.3	0.042	0.002	0.4	0.042	0.002
C9-3 定期检验存在问题情况	0	0.000	0.000	0.05	0.042	0.002	0.225	0.106	0.005	0.45	0.085	0.004	0.65	0.085	0.004
C10-1 安全管理合规性	0.95	0.042	0.002	0.85	0.042	0.002	0.75	0.042	0.002	0.65	0.042	0.002	0.55	0.042	0.002
C10-2 安全管理问题整改	1	0.000	0.000	0.95	0.042	0.002	0.875	0.021	0.001	0.825	0.021	0.001	0.775	0.021	0.001
C10-3 安全管理人员配置	0.18	0.017	0.001	0.14	0.017	0.001	0.1	0.017	0.001	0.06	0.017	0.001	0.02	0.017	0.001
C13-1 事故数量	0	0.000	0.000	0.05	0.042	0.002	0.15	0.042	0.002	0.25	0.042	0.002	0.35	0.042	0.002
C13-2 事故伤亡情况	0	0.000	0.000	0.075	0.064	0.003	0.225	0.064	0.003	0.375	0.064	0.003	0.525	0.064	0.003
C13-3 事故经济损失	0	0.000	0.000	2.5	2.123	0.106	10	4.246	0.212	20	4.246	0.212	30	4.246	0.212
C14-1 网络关注度	0	0.000	0.000	5	4.246	0.212	22.5	10.616	0.531	47.5	10.616	0.531	72.5	10.616	0.531
C14-2 态度倾向性	0	0.000	0.000	0.025	0.021	0.001	0.175	0.106	0.005	0.4	0.085	0.004	0.6	0.085	0.004
C14-3 事件发酵时长	0	0.000	0.000	1	0.849	0.042	3	0.849	0.042	4.5	0.425	0.021	5.5	0.425	0.021

以上是各定量指标的等级云模型，利用公式（5.20）$\mu(x) = e^{\frac{(x-Ex)^2}{2En'^2}}$ 和已得定量指标等级标准矩阵 $C^* = \left[C_{ij} \left(Ex_{ij}, En_{ij}, He_{ij} \right) \right]_{q \times m}$（如表 6.15 所示），通过 MATLAB 软件编程可以得出各定量指标各个等级隶属度函数的图形表示。以指标 C2-1 社会发展水平为例，可以直观地呈现指标的等级划分情况，如图 6.1 所示，其他定量指标形式相似，在此不一一呈现。

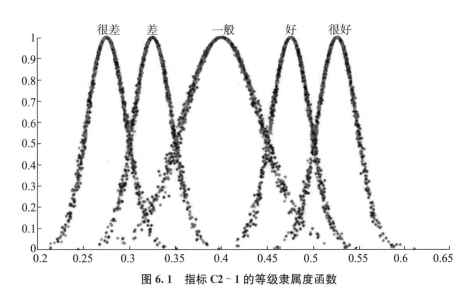

图 6.1　指标 C2-1 的等级隶属度函数

在确定各个指标的等级隶属度函数的基础上，通过将指标值代入等级隶属度函数产生隶属度矩阵。由于计算值存在一定的随机性，所以在将定量指标值代入等级隶属度函数时，重复计算 $N=1000$ 次，得出指标值隶属于不同等级的平均隶属度。除此之外，需要注意的是，当指标的样本值超过左或右两个边界区间的平均值 Ex 时，该样本指标隶属于左或右边界等级，即小于左侧边界区间的平均值，则隶属于左侧边界等级的隶属度为 1，大于右侧边界区间的平均值，则隶属于右侧边界等级的隶属度为 1。指标 C2-1 社会发展水平为例，指标 C2-1 的等级隶属度函数如图 6.1 所示，若样本值大于 0.525，则隶属于很好等级的隶属度为 1，若样本值小于 0.275，则隶属于很差等级的隶属度为 1。将指标 C2-1 的各省样本值代入等级隶属度函数，重复计算 1000 次（设定 $N=1000$），可以得出各省该指标值隶属于不同等级的平均隶属度，并将其归一化。计算结果如表 6.16 所示。

表 6.16　各省（直辖市）定量指标 C2-1 的等级隶属度

地区/省（直辖市）	很好	好	一般	差	很差
Z2	0.000	0.098	0.902	0.000	0.000
D1	1.000	0.000	0.000	0.000	0.000
D7	0.095	0.774	0.131	0.000	0.000

表 6.16（续）

地区/省（直辖市）	很好	好	一般	差	很差
X9	0.000	0.000	0.852	0.148	0.000
D9	0.992	0.005	0.003	0.000	0.000
X2	0.000	0.002	0.995	0.003	0.000
X5	0.000	0.001	0.994	0.006	0.000
D10	0.000	0.001	0.992	0.007	0.000
D3	0.000	0.000	0.979	0.021	0.000
Z4	0.001	0.369	0.630	0.000	0.000
DB3	0.000	0.000	0.419	0.577	0.004
Z5	0.001	0.370	0.629	0.000	0.000
Z6	0.141	0.745	0.114	0.000	0.000
DB2	0.000	0.000	0.649	0.350	0.001
D5	0.977	0.017	0.006	0.000	0.000
Z3	0.000	0.049	0.951	0.000	0.000
DB1	0.000	0.024	0.976	0.000	0.000
X1	0.000	0.000	0.159	0.785	0.056
X11	0.000	0.000	0.117	0.755	0.128
X10	0.000	0.000	0.031	0.222	0.747
D8	0.001	0.370	0.629	0.000	0.000
Z1	0.000	0.000	0.672	0.327	0.001
X8	0.000	0.000	0.977	0.023	0.000
D4	0.999	0.000	0.001	0.000	0.000
X4	0.002	0.455	0.543	0.000	0.000
D2	0.000	0.161	0.839	0.000	0.000
X7	0.000	0.000	0.009	0.030	0.961
X12	0.000	0.000	0.628	0.371	0.001
X6	0.000	0.000	0.990	0.010	0.000
D6	1.000	0.000	0.000	0.000	0.000
X3	0.290	0.628	0.082	0.000	0.000

在得出指标 C2-1 各省指标值的不同等级隶属度基础上，同样地，可以得出其他定量指标的不同等级隶属度。因此，可将各省（直辖市）的定量指标隶属度矩阵计算出来。由于篇幅有限，这里只给出 D1 定量指标隶属度矩阵计算结果，见表 6.17。

表 6.17　D1 省定量指标隶属度矩阵

	很好	好	一般	差	很差
C2-1 社会发展水平	1.000	0.000	0.000	0.000	0.000
C2-2 经济发展水平	1.000	0.000	0.000	0.000	0.000
C5-1 人员配置	0.000	0.000	0.298	0.694	0.008
C5-2 资金投入	0.000	0.012	0.777	0.211	0.000
C5-3 物力资源	0.000	0.001	0.007	0.930	0.062
C6-1 监督检验执行情况	1.000	0.000	0.000	0.000	0.000
C6-2 定期检验执行情况	1.000	0.000	0.000	0.000	0.000
C6-3 执法监督检查情况	1.000	0.000	0.000	0.000	0.000
C6-4 事故处理执行情况	1.000	0.000	0.000	0.000	0.000
C7-4 舆情处理能力	0.050	0.886	0.064	0.000	0.000
C8-1 作业人员配置	0.000	0.000	0.301	0.689	0.010
C8-2 作业人员资质	0.000	0.995	0.005	0.000	0.000
C8-3 作业人员工作经验	0.000	0.000	0.232	0.757	0.011
C9-1 设备使用登记情况	1.000	0.000	0.000	0.000	0.000
C9-2 监督检验存在问题情况	0.000	0.815	0.185	0.000	0.000
C9-3 定期检验存在问题情况	0.000	0.807	0.193	0.000	0.000
C10-1 安全管理合规性	0.187	0.799	0.014	0.000	0.000
C10-2 安全管理问题整改	0.000	0.867	0.133	0.000	0.000
C10-3 安全管理人员配置	0.000	0.123	0.853	0.024	0.000
C13-1 事故数量	0.000	0.978	0.022	0.000	0.000
C13-2 事故伤亡情况	0.000	0.988	0.012	0.000	0.000
C13-3 事故经济损失	1.000	0.000	0.000	0.000	0.000
C14-1 网络关注度	1.000	0.000	0.000	0.000	0.000
C14-2 态度倾向性	1.000	0.000	0.000	0.000	0.000
C14-3 事件发酵时长	1.000	0.000	0.000	0.000	0.000

2. 定性指标隶属度计算

根据附录 E（表 E.1）定性指标数据，我们根据 5.3.3 节所介绍的定性指标等级隶属度的确定方法，运用公式（5.14）和公式（5.15）可以得出各定性指标的等级隶属度矩阵。由于篇幅限制，只给出 D1 定性指标等级隶属度矩阵，如表 6.18 所示，其他省份（直辖市）类似。

表 6.18　D1 定性指标隶属度矩阵

	很好	好	一般	差	很差
C1-1 地质条件	0.800	0.200	0.000	0.000	0.000
C1-2 气候条件	0.700	0.200	0.100	0.000	0.000
C3-1 国家监管体制合理性	0.600	0.300	0.100	0.000	0.000
C3-2 地方监管体制合理性	0.600	0.300	0.100	0.000	0.000
C4-1 国家法规体系健全程度	0.319	0.252	0.210	0.219	0.00
C4-2 地方法规体系健全程度	0.700	0.200	0.100	0.000	0.000
C6-5 安全监察责任履行	0.700	0.300	0.000	0.000	0.000
C7-1 应急管理平台	0.300	0.700	0.000	0.000	0.000
C7-2 事故应急预案	0.900	0.100	0.000	0.000	0.000
C7-3 舆情监测平台	0.200	0.800	0.000	0.000	0.000
C11 安全环境	0.900	0.100	0.000	0.000	0.000
C12 技术水平	0.300	0.600	0.100	0.000	0.000

3. 指标体系隶属度

将定量指标隶属度矩阵和定性指标隶属度矩阵汇总归并，形成指标体系隶属度矩阵，同样以 D1 为例，见表 6.19。其他省（直辖市）指标体系隶属度计算及汇总结果因篇幅所限不再逐一展示。

表 6.19　D1 指标体系隶属度矩阵

	很好	好	一般	差	很差
C1-1 地质条件	0.800	0.200	0.000	0.000	0.000
C1-2 气候条件	0.700	0.200	0.100	0.000	0.000
C2-1 社会发展水平	1.000	0.000	0.000	0.000	0.000
C2-2 经济发展水平	1.000	0.000	0.000	0.000	0.000
C3-1 国家监管体制合理性	0.600	0.300	0.100	0.000	0.000
C3-2 地方监管体制合理性	0.600	0.300	0.100	0.000	0.000
C4-1 国家法规体系健全程度	0.319	0.252	0.210	0.219	0.00
C4-2 地方法规体系健全程度	0.700	0.200	0.100	0.000	0.000
C5-1 人员配置	0.000	0.000	0.298	0.694	0.008
C5-2 资金投入	0.000	0.012	0.777	0.211	0.000
C5-3 物力资源	0.000	0.001	0.007	0.930	0.062
C6-1 监督检验执行情况	1.000	0.000	0.000	0.000	0.000

表 6.19（续）

	很好	好	一般	差	很差
C6-2 定期检验执行情况	1.000	0.000	0.000	0.000	0.000
C6-3 执法监督检查情况	1.000	0.000	0.000	0.000	0.000
C6-4 事故处理执行情况	1.000	0.000	0.000	0.000	0.000
C6-5 安全监察责任履行	0.700	0.300	0.000	0.000	0.000
C7-1 应急管理平台	0.300	0.700	0.000	0.000	0.000
C7-2 事故应急预案	0.900	0.100	0.000	0.000	0.000
C7-3 舆情监测平台	0.200	0.800	0.000	0.000	0.000
C7-4 舆情处理能力	0.050	0.886	0.064	0.000	0.000
C8-1 作业人员配置	0.000	0.000	0.301	0.689	0.010
C8-2 作业人员资质	0.000	0.995	0.005	0.000	0.000
C8-3 作业人员工作经验	0.000	0.000	0.232	0.757	0.011
C9-1 设备使用登记情况	1.000	0.000	0.000	0.000	0.000
C9-2 监督检验存在问题情况	0.000	0.815	0.185	0.000	0.000
C9-3 定期检验存在问题情况	0.000	0.807	0.193	0.000	0.000
C10-1 安全管理合规性	0.187	0.799	0.014	0.000	0.000
C10-2 安全管理问题整改	0.000	0.867	0.133	0.000	0.000
C10-3 安全管理人员配置	0.000	0.123	0.853	0.024	0.000
C11 安全环境	0.900	0.100	0.000	0.000	0.000
C12 技术水平	0.300	0.600	0.100	0.000	0.000
C13-1 事故数量	0.000	0.978	0.022	0.000	0.000
C13-2 事故伤亡情况	0.000	0.988	0.012	0.000	0.000
C13-3 事故经济损失	1.000	0.000	0.000	0.000	0.000
C14-1 网民关注度	1.000	0.000	0.000	0.000	0.000
C14-2 态度倾向性	1.000	0.000	0.000	0.000	0.000
C14-3 事件发酵时长	1.000	0.000	0.000	0.000	0.000

6.2.4　预警等级测算

利用 ANP 所计算出的指标权重 W 与指标体系的等级隶属度矩阵 R，计算预警等级隶属度向量 $B = W \times R = \{b_1, b_2, \cdots, b_m\}$。由此计算出，各省区域特种设备安全风险及各维度安全状态隶属于不同等级的隶属度。

1. 区域特种设备安全风险预警等级测算

通过计算可得区域特种设备安全风险预警等级隶属度矩阵，如表 6.20 所示。

表 6.20 区域特种设备安全风险预警等级隶属度矩阵

地区/省（直辖市）	无警情	四级预警	三级预警	二级预警	一级预警
Z2	0.232	0.214	0.433	0.103	0.018
D1	0.479	0.283	0.111	0.124	0.003
D7	0.363	0.376	0.112	0.057	0.092
X9	0.144	0.304	0.322	0.145	0.085
D9	0.384	0.312	0.186	0.062	0.056
X2	0.088	0.144	0.358	0.292	0.118
X5	0.171	0.249	0.329	0.226	0.025
D10	0.137	0.291	0.227	0.193	0.152
D3	0.270	0.252	0.393	0.070	0.015
Z4	0.148	0.244	0.362	0.166	0.080
DB3	0.186	0.372	0.277	0.136	0.029
Z5	0.118	0.352	0.362	0.111	0.057
Z6	0.095	0.266	0.357	0.164	0.118
DB2	0.186	0.245	0.311	0.233	0.025
D5	0.357	0.284	0.249	0.098	0.012
Z3	0.134	0.223	0.234	0.224	0.185
DB1	0.169	0.267	0.354	0.120	0.090
X1	0.338	0.166	0.248	0.206	0.042
X11	0.211	0.319	0.281	0.147	0.042
X10	0.235	0.181	0.172	0.164	0.248
D8	0.267	0.263	0.305	0.147	0.018
Z1	0.225	0.176	0.461	0.109	0.029
X8	0.292	0.184	0.231	0.267	0.026
D4	0.237	0.195	0.283	0.127	0.158
X4	0.256	0.267	0.404	0.066	0.007
D2	0.191	0.365	0.298	0.108	0.038
X7	0.242	0.050	0.124	0.112	0.472
X12	0.137	0.199	0.324	0.225	0.115
X6	0.100	0.220	0.217	0.255	0.208
D6	0.384	0.271	0.183	0.122	0.040
X3	0.309	0.258	0.237	0.099	0.097

由表 6.20 可知，大部分省份评价结果中的各等级隶属度相差较小，故采用加权隶属度的方法（式 5.25）计算各省预警等级变量特征值，对照表 5.5 预警等级变量特征值区间所对应的预警等级，以此确定各省区域特种设备安全风险预警等级，并按照预警等级变量特征值的大小进行排序，具体预警结果见表 6.21。

表 6.21　31 个省级行政区域（直辖市）特种设备安全风险预警等级排序

地区/省（直辖市）	预警等级变量特征值	预警等级
D1	1.888	四级预警
D9	2.096	四级预警
D5	2.123	四级预警
D7	2.138	四级预警
D6	2.166	四级预警
X4	2.301	四级预警
D3	2.308	四级预警
D8	2.385	四级预警
X3	2.418	四级预警
D2	2.437	四级预警
X1	2.447	四级预警
DB3	2.448	四级预警
Z2	2.462	四级预警
X11	2.490	四级预警
Z1	2.539	三级预警
X8	2.551	三级预警
Z5	2.639	三级预警
DB2	2.667	三级预警
X5	2.683	三级预警
DB1	2.696	三级预警
X9	2.723	三级预警
D4	2.775	三级预警
Z4	2.787	三级预警
D10	2.932	三级预警
Z6	2.944	三级预警
X12	2.983	三级预警
X10	3.009	三级预警

表 6.21（续）

地区/省（直辖市）	预警等级变量特征值	预警等级
Z3	3.102	三级预警
X2	3.210	三级预警
X6	3.250	三级预警
X7	3.525	二级预警

2. 各维度安全状态等级测算

首先计算各维度下三级指标的局部权重，同理，运用局部权重与各维度指标的等级隶属度矩阵进行上述计算，得到各维度的等级隶属度向量，并按照加权隶属度的方法计算等级特征值，按照区域特种设备安全风险等级由低到高进行排序，最后得到结果见表 6.22。

表 6.22　31 个省级行政区域（直辖市）特种设备安全风险及各维度安全风险等级特征值

地区/省（直辖市）	区域特种设备安全	宏观环境	体制制度	监管状态	行业状况	事故影响
D1	1.888	1.060	1.867	2.094	2.160	1.410
D9	2.096	1.419	1.875	2.485	2.495	1.000
D5	2.123	1.412	1.947	2.391	2.624	1.000
D7	2.138	1.794	1.931	2.060	2.828	1.000
D6	2.166	1.332	1.819	2.538	2.684	1.000
X4	2.301	2.858	2.284	2.287	2.707	1.000
D3	2.308	2.697	2.739	2.241	2.679	1.000
D8	2.385	2.017	2.692	2.547	2.851	1.000
X3	2.418	2.205	2.083	2.183	3.346	1.000
D2	2.437	1.815	2.059	2.708	2.702	1.953
X1	2.447	2.706	2.635	2.196	3.125	1.000
DB3	2.448	3.047	2.614	2.411	2.695	1.421
Z2	2.462	2.951	2.652	2.299	3.013	1.000
X11	2.490	3.154	2.907	1.972	2.764	2.096
Z1	2.539	3.057	2.787	2.687	2.853	1.000
X8	2.551	2.611	2.298	3.246	2.701	1.000
Z5	2.639	2.524	2.171	2.093	2.798	3.683
DB2	2.667	2.780	2.619	2.339	2.945	2.582
X5	2.683	3.347	2.387	2.567	2.880	2.188
DB1	2.696	2.212	2.700	2.060	3.010	3.469

表6.22（续）

地区/省 （直辖市）	区域特种设备安全	宏观环境	体制制度	监管状态	行业状况	事故影响
X9	2.723	3.525	2.787	2.157	2.613	3.485
D4	2.775	1.271	1.899	2.614	2.915	4.328
Z4	2.787	2.498	2.716	2.440	2.863	3.500
D10	2.932	2.927	2.691	2.661	3.049	3.333
Z6	2.944	2.322	2.508	2.729	3.448	2.849
X12	2.983	3.177	2.964	2.402	3.626	2.426
X10	3.009	3.591	2.859	3.838	3.072	1.000
Z3	3.102	2.953	2.660	3.353	3.195	2.797
X2	3.210	3.120	2.812	3.151	3.393	3.207
X6	3.250	3.493	2.796	3.426	3.691	2.002
X7	3.525	4.114	2.963	3.752	4.392	1.000

6.3　预警等级结果分析

6.3.1　区域特种设备安全风险预警等级分析

从单个省份（直辖市）的区域特种设备安全状态来看，排名第一的是D1，区域特种设备安全风险预警等级变量特征值为1.888，介于1.5～2.5，处于四级预警状态，安全状态相对较好；排名最后的是X7，区域特种设备安全风险预警等级变量特征值为3.525，介于3.5～4.5，处于二级预警状态，安全状态相对较差。

从所有省份（直辖市）的区域特种设备安全状态来看，我国各省区域特种设备安全风险等级处于四级预警至二级预警之间。其中，处于四级预警的省份（直辖市）有14个，依次分别是D1、D9、D5、D7、D6、X4、D3、D8、X3、D2、X1、DB3、Z2、X11；处于三级预警的省份有16个，依次分别是Z1、X8、Z5、DB2、X5、DB1、X9、D4、Z4、D10、Z6、X12、X10、Z3、X2、X6；处于二级预警的省份只有1个，即X7。整体来看，全国各省区域特种设备安全状态均有待提升。

从我国四大经济区域来看，东北地区3省中除DB3处于四级预警状态外，DB1、DB2均处于三级预警状态，区域特种设备安全状态一般；东部地区10省（直辖市）中除D4、D10处于三级预警状态外，均处于四级预警状态，区域特种设备安全状态相对较好；中部地区6中除Z2处于四级预警状态外，其他各省均处于三级预警状态，区域特种设备安全状态一般；西部地区12省（直辖市）中除X1、X4、X3、X11四省处于四级预警状态外，其他各省（直辖市）均处于或高于三级预警状态，其中 X7 处于二级预警状态，区域特种设备安全状态相对较差。

按照三级及以上预警省份的数量来排，东部地区 2 个省份处于三级预警、东北地区 2 个省份处于三级预警、中部地区 5 个省份处于三级预警、西部地区 8 个省份（直辖市）处于三级及以上预警。根据排名的先后可知，前 5 名均属于东部地区。由此看来，按从好到差进行区域排序，东部地区优于东北地区，优于中部地区，优于西部地区。

6.3.2　各维度安全风险等级分析

1. 宏观环境安全风险等级分析

从单个省份（直辖市）的宏观环境安全状态来看，排名第一的是 D1，宏观环境安全风险等级变量特征值为 1.06，介于 1～1.5，处于无警情状态，安全状态很好；排名最后的是 X7，宏观环境安全风险等级变量特征值为 4.114，介于 3.5～4.5，处于二级预警状态，安全状态相对较差。

从所有省份（直辖市）的宏观环境安全状态来看，我国各省（直辖市）宏观环境安全风险等级处于无警情至二级预警之间。其中，处于无警情的省份有 5 个，依次是 D1、D4、D6、D5、D9；处于四级预警的省份有 7 个，依次分别是 D7、D2、D8、X3、DB1、Z6、Z4；处于三级预警的省份有 16 个，依次分别是 Z5、X8、D3、X1、DB2、X4、D10、Z2、Z3、DB3、Z1、X2、X11、X12、X5、X6；处于二级预警的省份有 3 个，依次分别是 X9、X10、X7。

从我国四大经济区域来看，东北地区 3 省中除 DB1 省处于四级预警状态外，DB3、DB2 均处于三级预警状态，宏观环境安全状态一般；东部地区 10 省（直辖市）中除 D3、D10 处于三级预警状态外，均处于四级预警或无警情状态，宏观环境安全状态相对较好；中部地区 6 省中除 Z4、Z6 处于四级预警状态外，其他各省均处于三级预警状态，宏观环境安全状态一般；西部地区 12 省（直辖市）中除 X3 处于四级预警状态外，其他各省均处于或高于三级预警状态，其中 X9、X10、X7 处于二级预警状态，宏观环境安全状态相对较差。

整体来看，全国各省宏观环境安全状态差距较大，主要受经济社会环境的影响，经济发达地区宏观安全环境较为良好，西部和中部欠发达地区较差。因此，社会发展水平和经济发展水平相对落后的地区需不断提升地区综合发展水平。

2. 体制制度安全风险等级分析

从单个省份的体制制度安全状态来看，排名第一的是 D6，体制制度安全风险等级变量特征值为 1.819，介于 1.5～2.5，处于四级预警状态，安全状态相对较好；排名最后的是 X12，体制制度安全风险等级变量特征值为 2.964，介于 2.5～3.5，处于三级预警状态，安全状态一般。

从所有省份的体制制度安全状态来看，我国各省体制制度安全风险等级处于四级警情至三级预警，整体状况一般。其中处于四级警情的省份有 12 个，依次分别是 D6、D1、D9、D4、D7、D5、D2、X3、Z5、X4、X8、X5；处于三级预警的省份有 19 个，依次分别是 Z6、DB3、DB2、X1、Z2、Z3、D10、D8、DB1、Z4、D3、X9、Z1、X6、X2、X10、X11、X7、X12。

从我国四大经济区域来看，东北地区 3 省均处于三级预警状态，体制制度安全状态一般；东部地区 10 省（直辖市）中除 D3、D8、D10 处于三级预警状态外，均处于四级预警状态，体制制度安全状态相对较好；中部地区 6 省中除 Z5 处于四级预警状态外，其他各省均处于三级预警状态，体制制度安全状态一般；西部地区 12 省（直辖市）中除 X3、X4、X8、X5 处于四级预警状态外，其他各省均处于三级预警状态，体制制度安全状态相对较差。

整体来看，全国各省体制制度安全状态水平相对均衡且大部分处于一般状态，受国家层面监管体制合理性和法规体系健全性影响较大，仅东部地区部分省份体制制度相对较好。因此，应加快地方监管体制改革和地方法律法规创新进程，形成试点并逐步推广全国，进而推进国家监管体制和法规体系的完善。

3. 监管状态安全风险等级分析

从单个省份的监管状态来看，排名第一的是 X11，监管状态安全风险等级变量特征值为 1.972，介于 1.5～2.5，处于四级预警状态，安全状态相对较好；排名最后的是 X10，监管状态安全风险等级变量特征值为 3.838，介于 3.5～4.5，处于二级预警状态，安全状态较差。

从所有省份的监管状态来看，我国各省监管状态安全风险等级处于四级警情至二级预警之间。其中处于四级警情的省份有 17 个，依次分别是 X11、D7、DB1、Z5、D1、X9、X3、X1、D3、X4、Z2、DB2、D5、X12、DB3、Z4、D9；处于三级预警的省份有 12 个，依次分别是 D6、D8、X5、D4、D10、Z1、D2、Z6、X2、X8、Z3、X6；处于二级预警的省份有 2 个，依次分别是 X7、X10。

从我国四大经济区域来看，东北地区 3 省均处于四级预警状态，监管状态相对较好；东部地区 10 省（直辖市）中 D1、D3、D5、D7、D9 处于四级预警状态，其余 5 省均处于三级预警状态，监管状态一般；中部地区 6 省中 Z2、Z4、Z5 处于四级预警状态，其余 3 省均处于三级预警状态，监管状态一般；西部地区 12 省（直辖市）中除 X11、X9、X3、X1、X4 处于四级预警状态外，其他各省均处于三级及以上预警状态，其中 X7、X10 处于二级预警状态，监管状态相对较差。

整体来看，全国各省监管状态安全状态整体水平有待提升，经济发达地区因设备数量较多，相应的监管资源投入不足，导致安全状态偏低，应加大人力、财力、物力的投入，令其与地区特种设备数量相对应；西部地区部分省份因社会发展较为落后，导致监管资源投入、监管执行力度、应急舆情管理均较差。

4. 行业状况安全风险等级分析

从单个省份行业状况的安全状态来看，排名第一的是 D1，行业状况安全风险等级变量特征值为 2.160，介于 1.5～2.5，处于四级预警状态，安全状态相对较好；排名最后的是 X7，行业状况安全风险等级变量特征值为 4.392，介于 3.5～4.5，处于二级预警状态，安全状态较差。

从所有省份行业状况的安全状态来看，我国各省行业状况安全风险等级处于四级警情至二级预警之间。其中处于四级警情的省份仅有 2 个，依次分别是 D1、D9；处于三级预警的省份有 26 个，依次分别是 X9、D5、D3、D6、DB3、X8、D2、X4、X11、Z5、D7、D8、Z1、Z4、X5、D4、DB2、DB1、Z2、D10、X10、X1、Z3、X3、X2、Z6；处于二级预警的省份有 3 个，依次分别是 X12、X6、X7。

从我国四大经济区域来看，东北地区 3 省均处于三级预警状态，行业状况的安全状态一般；东部地区 10 省（直辖市）中除 D1、D9 处于四级预警状态外，其余各省均处于三级预警状态，行业状况的安全状态一般；中部地区 6 省均处于三级预警状态，行业状况的安全状态一般；西部地区 12 省（直辖市）均处于三级及以上预警状态，其中 X12、X6、X7 处于二级预警状态，行业状况的安全状态相对较差。

整体来看，全国各省行业状况大部分处于三级预警状态，安全状态较差，行业内存在的问题较多，各方面有待提升，尤其是西部地区部分省份应加大监管力度，严查行业状况存在的问题，提高安全状态。

5. 事故影响安全风险等级分析

从单个省份的事故影响来看，排名并列第一的有 14 个省，未发生事故，分别是 Z2、D7、D9、D3、D5、X1、X10、D8、Z1、X8、X4、X7、D6、X3，事故影响安全风险等级变量特征值为 1，介于 1～1.5，处于无警情状态，安全状态很好；排名最后的是 D4，事故影响安全风险等级变量特征值为 4.328，介于 3.5～4.5，处于二级预警状态，安全状态较差。

从所有省份的事故影响来看，我国各省事故影响安全风险等级处于无警情至二级预警。其中处于无警情状态的省份除了上述 14 个未发生事故的省份外，还有 D1 和 DB3；处于四级警情的省份有 5 个，依次分别是 D2、X6、X11、X5、X12；处于三级预警的省份有 7 个，依次 DB2、Z3、Z6、X2、D10、DB1、X9；处于二级预警的省份有 3 个，依次分别是 Z4、Z5、D4。

从我国四大经济区域来看，东北地区 3 省中除 DB3 处于无警情外，DB1、DB2 均处于三级预警状态，事故影响安全状态一般；东部地区 10 省（直辖市）中除 D4 处于二级预警状态、D10 处于三级预警、D2 处于四级预警外，其余各省均处于无警情状态，事故影响安全状态较好；中部地区 6 省中 Z3、Z6 处于三级预警状态，Z4、Z5 处于二级预警状态，Z2、Z1 处于无警情状态，事故影响安全状态一般；西部地区 12 省（直辖市）中 X1、X10、X8、X4、X7、X3 均处于无警情状态，X6、X11、X5、X12 处于四级预警状态，

X2、X9 处于三级预警状态，事故影响安全状态一般。

整体来看，全国各省（直辖市）事故影响半数处于无警情状态，东部地区、东北地区、中部地区、西部地区均存在安全事故，存在安全事故的地区应注意防范类似安全事故的发生，安全事故较为严重的地区应开展专项整治工作。

6.3.3 单个区域综合分析

将区域特种设备安全风险等级与宏观环境、体制制度、监管状态、行业状况、事故影响五个维度安全状态等级汇总在一起，按照区域特种设备安全风险等级由低到高进行排序，对比区域特种设备安全风险不同等级下各维度的安全状态（见表 6.22），结合指标等级隶属度可以直观的发现影响各省区域特种设备安全风险等级的主要原因，以此为国家层面的特种设备安全监管和各地区安全监管提供依据。以 D1、D4、X7 为例，绘制雷达图进行分析，其他省份类似，如图 6.2 所示。

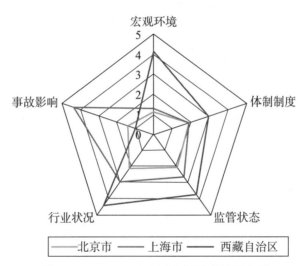

图 6.2 D1、D4、X7 三个区域的雷达图分析

D1 地区宏观环境、事故影响两个维度的安全状态良好，虽然发生一起特种设备安全事故，但事故处理及舆情控制得当，未造成社会影响。体制制度、监管状态、行业状况处于四级预警区间，说明这三个维度存在一定问题。体制制度方面，由于当前我国特种设备安全监管体制和法规体系还处于不断完善阶段，D1 地区的特种设备安全监管体制和法律法规也在不断探索和改革；监管状态方面，D1 地区特种设备数量较多，但监管资源的投入不足，尤其是监管人员与设备数量不相匹配，现场监察力量薄弱；行业状况方面，作业人员数量与特种设备数量不匹配，安全管理人员配备不足，并存在一定的特种设备质量与安全问题。综上使得 D1 地区区域特种设备安全处于四级预警状态。D1 地区各指标等级隶属度见表 6.19。

D4 地区宏观环境的安全状态良好。体制制度处于四级预警区间，监管状态、行业状况处于三级预警区间，事故影响处于二级预警区间，说明这四个维度存在一定问题。体制制度方面，D4 地区与 D1 地区整体状况相似，在国家体制制度改革的大背景下，处于不断探索和创新阶段，有待进一步完善；监管状态方面，D4 地区特种设备数量较多，但监管资源的投入不足，监管人员数量、资金投入和物力资源与设备数量不相匹配，现场监察资源力量薄弱，且在监管执行过程中，存在未按要求进行监督检验和定期检验的现象；行业状况方面，作业人员数量与特种设备数量不匹配，设备在生产和使用环节存在较多质量安全问题，安全管理人员配置不足，安全管理问题的整改情况较差；事故影响方面，D4 地区 2015 年共发生特种设备安全事故 20 起，且事故类型多为民众关注的电梯等机电类设备事故，社会影响较大，事故发酵时间较长。因此，D4 地区区域特种设备安全处于三级预警状态。D4 地区各指标等级隶属度见表 6.23。

表 6.23 D4 指标体系隶属度矩阵

指标	很好	好	一般	差	很差
C1-1 地质条件	0.60	0.40	0.00	0.00	0.00
C1-2 气候条件	0.10	0.30	0.10	0.20	0.30
C2-1 社会发展水平	1.00	0.00	0.00	0.00	0.00
C2-2 经济发展水平	1.00	0.00	0.00	0.00	0.00
C3-1 国家监管体制合理性	0.60	0.30	0.10	0.00	0.00
C3-2 地方监管体制合理性	0.50	0.20	0.20	0.10	0.00
C4-1 国家法规体系健全程度	0.32	0.25	0.21	0.22	0.00
C4-2 地方法规体系健全程度	0.70	0.20	0.10	0.00	0.00
C5-1 人员配置	0.00	0.00	0.28	0.72	0.01
C5-2 资金投入	0.00	0.02	0.81	0.17	0.00
C5-3 物力资源	0.00	0.00	0.00	0.88	0.11
C6-1 监督检验执行情况	0.00	0.86	0.14	0.00	0.00
C6-2 定期检验执行情况	0.00	0.65	0.35	0.00	0.00
C6-3 执法监督检查情况	1.00	0.00	0.00	0.00	0.00
C6-4 事故处理执行情况	1.00	0.00	0.00	0.00	0.00
C6-5 安全监察责任履行情况	0.80	0.20	0.00	0.00	0.00
C7-1 应急管理平台	0.10	0.50	0.40	0.00	0.00
C7-2 事故应急预案	0.00	0.10	0.20	0.40	0.30

表 6.23（续）

指标	很好	好	一般	差	很差
C7-3 舆情监测平台	0.10	0.60	0.30	0.00	0.00
C7-4 舆情处理能力	0.03	0.87	0.10	0.00	0.00
C8-1 作业人员配置	0.00	0.10	0.90	0.00	0.00
C8-2 作业人员资质	0.00	0.96	0.04	0.00	0.00
C8-3 作业人员工作经验	0.00	0.18	0.80	0.02	0.00
C9-1 设备使用登记情况	0.00	0.22	0.77	0.01	0.00
C9-2 监督检验存在问题情况	0.00	0.00	0.00	0.01	0.99
C9-3 定期检验存在问题情况	0.00	0.00	0.98	0.02	0.00
C10-1 安全管理合规性	0.79	0.21	0.00	0.00	0.00
C10-2 安全管理问题整改	0.00	0.00	0.00	0.00	1.00
C10-3 安全管理人员配置	0.00	0.00	0.46	0.54	0.00
C11 安全环境	0.80	0.10	0.10	0.00	0.00
C12 技术水平	0.10	0.50	0.40	0.00	0.00
C13-1 事故数量	0.00	0.00	0.00	0.00	1.00
C13-2 事故伤亡情况	0.00	0.00	0.03	0.87	0.09
C13-3 事故经济损失	0.00	0.00	0.00	0.01	0.99
C14-1 网民关注度	0.00	0.00	0.83	0.17	0.00
C14-2 态度倾向性	0.00	0.00	0.91	0.09	0.00
C14-3 事件发酵时长	0.00	0.00	0.00	0.00	1.00

　　X7 地区没有发生特种设备安全事故，事故影响维度的安全状态很好，但本年度未发生事故并不代表其不存在安全问题。其行业状况、监管状态、宏观环境三个维度均处于二级预警，体制制度也低于全国整体平均状态，处于三级预警。从行业状况来看，X7 地区的各指标状态均较差，安全问题较多；从监管状态来看，监管资源投入与应急舆情管理能力欠缺；宏观环境方面，经济与社会发展水平偏低，地质条件与气候条件均不利于特种设备安全。因此，综上，X7 区域特种设备安全处于二级预警状态，X7 地区各指标等级隶属度见表 6.24。

表 6.24　X7 指标体系隶属度矩阵

指标	很好	好	一般	差	很差
C1-1 地质条件	0.00	0.00	0.10	0.30	0.60
C1-2 气候条件	0.00	0.00	0.20	0.30	0.50

表 6.24（续）

指标	很好	好	一般	差	很差
C2-1 社会发展水平	0.00	0.00	0.01	0.03	0.96
C2-2 经济发展水平	0.00	0.09	0.68	0.22	0.00
C3-1 国家监管体制合理性	0.60	0.30	0.10	0.00	0.00
C3-2 地方监管体制合理性	0.00	0.00	0.10	0.40	0.50
C4-1 国家法规体系健全程度	0.32	0.25	0.21	0.22	0.00
C4-2 地方法规体系健全程度	0.00	0.10	0.20	0.20	0.50
C5-1 人员配置	0.00	0.01	0.91	0.08	0.00
C5-2 资金投入	0.00	0.00	0.00	0.00	1.00
C5-3 物力资源	0.00	0.00	0.00	0.86	0.13
C6-1 监督检验执行情况	0.00	0.00	0.00	0.00	1.00
C6-2 定期检验执行情况	0.00	0.00	0.00	0.00	1.00
C6-3 执法监督检查情况	1.00	0.00	0.00	0.00	0.00
C6-4 事故处理执行情况	1.00	0.00	0.00	0.00	0.00
C6-5 安全监察责任履行情况	0.20	0.30	0.20	0.10	0.20
C7-1 应急管理平台	0.00	0.00	0.10	0.60	0.30
C7-2 事故应急预案	0.40	0.10	0.10	0.30	0.10
C7-3 舆情监测平台	0.00	0.00	0.10	0.70	0.20
C7-4 舆情处理能力	0.00	0.00	0.00	0.00	1.00
C8-1 作业人员配置	0.00	0.00	0.00	0.00	0.99
C8-2 作业人员资质	0.00	0.00	0.00	0.00	1.00
C8-3 作业人员工作经验	0.00	0.00	0.00	0.00	1.00
C9-1 设备使用登记情况	0.00	0.00	0.00	0.05	0.95
C9-2 监督检验存在问题情况	0.00	0.00	0.00	0.00	1.00
C9-3 定期检验存在问题情况	0.00	0.00	0.00	0.02	0.98
C10-1 安全管理合规性	0.00	0.01	0.80	0.19	0.00
C10-2 安全管理问题整改	0.00	1.00	0.00	0.00	0.00
C10-3 安全管理人员配置	1.00	0.00	0.00	0.00	0.00
C11 安全环境	0.00	0.00	0.00	0.40	0.60
C12 技术水平	0.00	0.00	0.20	0.50	0.30

表 6.24（续）

指标	很好	好	一般	差	很差
C13-1 事故数量	1.00	0.00	0.00	0.00	0.00
C13-2 事故伤亡情况	1.00	0.00	0.00	0.00	0.00
C13-3 事故经济损失	1.00	0.00	0.00	0.00	0.00
C14-1 网民关注度	1.00	0.00	0.00	0.00	0.00
C14-2 态度倾向性	1.00	0.00	0.00	0.00	0.00
C14-3 事件发酵时长	1.00	0.00	0.00	0.00	0.00

第7章 基于监管视角的区域特种设备安全风险应对策略

风险预警等级测算呈现了各区域特种设备安全风险的等级，还需针对性地提出应对策略才能从根本上解决现实问题。本章根据基于监管视角的区域特种设备安全风险要素及作用机理的分析，结合预警模型的构建和实证测算结果，从国家层面和省级层面分别给出了基于监管视角的区域特种设备安全风险应对策略。

7.1 国家层面安全风险应对策略

7.1.1 综合应对策略

1. 关注地区宏观环境，消除区域发展的不平衡性

关注全国各省的宏观环境状况，尤其是社会经济环境，对当地特种设备安全状况所带来的负面影响，通过宏观调控与政策支撑手段不断消除区域发展不平衡，加大力度调整收入分配制度，调整收入差距，统筹和协调各地区的社会经济发展，发挥区域发展的带动与引领作用，加快推进落后地区的基础性设施建设和城镇化进程，协助落后地区特色产业的发展和新型工业化的推进，提升全国各地区人民综合素质与安全意识，以此为特种设备安全监管奠定一个良好的宏观环境。

2. 着力优化体制制度，坚持依法治特的发展战略

认清监管体制改革和法规体系优化在特种设备安全监管工作中的重要地位，不断总结在特种设备安全监管发展进程中体制制度所涌现的主要问题和矛盾，结合特种设备领域内新技术、新工艺的发展状态，以及社会发展的客观要求，不断改革和优化体制制度，确保监管体制的合理性和法规体系的健全性。与此同时，以《特种设备安全法》和《特种设备安全监察条例》为核心，以部门规章、技术规范、标准等各层级法律法规为辅助，加强普法和执法工作，最大程度地发挥法治的引领和导向作用，依法落实各利益主体的责任义务，督促各省监管部门依法履行监管职责、企业依法生产和使用特种设备、社会公众依法约束自身不安全行为，在特种设备领域形成依法治理的良好氛围。

3. 不断提升监管水平，推进多元共治的监管模式

明确监管状况对特种设备安全的重要影响，努力消除监管水平与特种设备数量迅速增长的不适应性，按照地区特种设备发展状态。在一定的合理范围内，支持与督促各省科学配置监察、检验人员，加强投入监察、检验资金，不断强化监察、检验装备，并监督各省严格按照法律法规的要求，依法履行监督管理的责任义务。与此同时，为了减轻监管部门的压力，进一步提高监管效能，应充分发挥特种设备安全各利益相关方的监管作用，形成以各级政府为领导，监察机构与检验机构依法行使监察、检验职责，行业协会辅助监督，社会公众踊跃参与的多元共治监管模式，并不断探索各主体间的协同机制，在全国范围内推进新模式。

4. 定期评估行业状况，加快信息追溯机制的建立

将定期统计和评估地区特种设备行业状况作为省级以上特种设备监管部门的常规性工作，从作业人员、设备状态、安全管理、安全环境以及技术水平 5 个维度出发，根据影响区域特种设备安全的宏观安全状态指标，结合各指标的实际数据，综合判断各省特种设备行业状况，进而从中发现关键问题，及时采取措施，督促各省纠正和整改不安全状态。与此同时，从监管的视角出发，明确安全状态指标数据的获取渠道，加强数据获取能力，面向全国建立信息数据的追溯机制和上报机制，为有效、准确地评估行业状况打下坚实的数据基础。

5. 密切关注事故影响，提升应急舆情管理的能力

依托信息化的事故上报机制，密切关注各省特种设备安全事故，了解事故的伤亡与损失情况，根据事故严重程度，重点监督部分省份的特种设备安全事故的应急处理进程，督促其严格按照应急预案和事故处理措施迅速做出响应，必要情况下成立国家应急处理小组，参与和指导事故的应急处理工作。另外，依据事故案例，不断研究和优化特种设备安全事故应急预案，并督促和检查各省应急预案的制定和演练情况，强化全国各省事故应急处理的能力，同时要求各省不断提升网络舆情处理能力，建立全国范围的舆情监测平台，更有效地降低事故网络舆情的负面影响。

6. 合理划分预警等级，推动分级监管制度的实施

依照本书构建的基于监管视角的区域特种设备安全风险预警模型，从宏观环境、体制制度、监管状态、行业状况和事故影响 5 个维度出发，衡量区域特种设备安全风险等级及各维度安全风险等级，并根据全国各维度及整体状况的实际情况的变化，定期更新与优化各指标的预警区间，实现科学的风险预警。与此同时，根据风险预警等级，设计不同等级下的预警应对措施。有针对性地增加巡查高风险地区的频率，督促各级监管机构加大监管力度，消除安全隐患，并根据各维度安全风险等级，着重监督高风险，为省级特种设备监管机构提供监管工作重点，节约监管资源，以此提升监管效能。

7.1.2　地区分级应对策略

根据各省区域特种设备安全风险预警等级高低，结合各省各维度安全风险等级，设计不同的应对策略，推动分级监管制度的实施。

1. 根据安全等级下达指令书

根据安全风险预警等级的高低对各省特种设备安全监管机构下达指令书，令各级监管机构明确自己所辖区域的安全状态，并指导他们对各个维度的安全风险因素进行有效控制。针对无警情的省份，应将其作为典型，通报表扬、给予激励；针对四级预警的省份，应引导和支持进一步提升区域特种设备安全状态；针对三级预警的省份，应指导和帮助克服主要安全问题；针对二级预警的省份，应责令和督促尽快完成关键问题的整改；针对一级预警的省份，应对相关问题进行公开曝光，对其进行严肃问责，严格限定整改期限。

2. 根据体制制度等级进行经验总结

根据体制制度等级的高低，面向各省特种设备安全监管机构定期开展体制制度改革的学习论证会，由体制制度改革初显成效的省份为大家进行经验介绍，给予大家一个交流学习的平台，讨论和论证今后改革的方向，共同促进监管体制合理性和法规体系健全性的实现。同时，也通过这样一次对话，督促与激励体制制度较为落后的省份积极探索体制制度的改革，从制定地方法律法规和创新地方监管模式出发，逐步提升地方体制制度的完善性。以此不断促进全国整体体制制度的完善。

3. 根据监管状态等级布置巡查工作

根据监管状态等级的高低，布置巡查工作计划，对各省特种设备安全监管机构进行监督检查，督促各级监管机构在不断优化监管资源配置的基础上，严格履行安全监管的责任义务，提升应急舆情管理的水平。针对无警情的省份，不布置巡查工作；针对四级预警的省份，仅通过下达文件的方式进行督促和指导，不进行巡查工作；针对三级预警的省份，年度内安排一次巡查工作，现场指导其尽快改善监管状态；针对二级预警的省份，年度内安排两次巡查工作，第一次责令和督促其尽快完成监管的问题整改，第二次对整改情况进行跟踪检查；针对一级预警的省份，年度内安排二次巡查工作，第一次处罚相关责任人员，并责令和督促其尽快完成监管的问题整改，第二次对整改情况进行跟踪检查。

4. 根据行业状况等级确定监察任务

根据行业状况等级的高低，指导各省监管机构确定年度监察任务工作量及工作重点。针对无警情的省份，在确保基础监管工作的前提下，可保持上年的监管工作量或适当减少工作量；针对四级预警的省份，建议其适当提高监管力度，对其区域内存在的问题重点监管；针对三级预警的省份，要求其提高监管力度，对其区域内存在的问题重点监管；针对二级预警的省份，明确对其监管工作量做出规定，并要求对区域内存在的问题进行重点监管，未完成工作量的进行处罚；针对一级预警的省份，明确对其监管工作量做出规定，并监督其监管工作计划的制定和实施，严格完成对区域内存在问题的监管工作，对未完成工作计划的进行处罚。

5. 根据事故影响等级设立问责机制

根据事故影响等级的高低，建立问责机制，对各省各级监管机构进行事故追责，落实监管机构的主体责任。针对无警情的省份，无需问责；针对四级预警的省份，对事故监管责任人和舆情监管责任人进行批评教育；针对三级预警的省份，对事故监管责任人和舆情监管责任人进行通报批评；针对二级预警的省份，对事故监管责任人和舆情监管责任人进行通报批评并予以适当的经济处罚；针对一级预警的省份，对事故监管责任人和舆情监管责任人进行降级处分。

7.2　省级层面安全风险应对策略

7.2.1　综合应对策略

1. 提高应对恶劣自然环境的能力

自然环境不利于特种设备安全的省份，应根据所处地区的气候条件和地质条件情况，有针对性的加强特种设备生产、使用等环节的安全防护措施，提高在恶劣自然环境下作业的警惕性，以此提升特种设备安全应对恶劣自然环境的能力。例如，地处高原的省份，应特别注意因大气压力下降给承压类设备所带来的潜在危险，应在巩固承压设备的压力指示器的同时，通过实时监测内外压差的方式控制安全风险；冬季降雪较多的省份，应特别注意因恶劣气候条件下的路面状况可能会导致场内车辆刹车制动的摩擦系数下降，制动距离变长，应在加装防滑措施的同时，谨慎驾驶，避免造成事故。

2. 加快社会发展与经济发展进程

经济发展水平较为落后的省份，特种设备安全缺乏基础性的资金保障，社会发展水平较为落后的省份，特种设备安全缺乏的安全文化氛围和意识。社会与经济发展是保障特种设备安全的重要后盾力量，为了更好地改进区域特种设备安全状态，社会与经济发展相对落后的省份，应加快社会发展和经济发展进程，依托国家的政策支持，周边经济协作区的带动，加强基础设施建设，大力推进新型城镇化建设，并因地制宜的发展特色产业，不断积攒经济力量。与此同时，全面提升居民的安全意识，进而了解特种设备安全防范知识，只有将基础性的社会问题解决，特种设备安全治理问题才能进一步得到重视与解决。

3. 探索地方监管体制的改革措施

在监管体制改革的大方针政策下，各省政府及特种设备安全监管机构应敢为人先，勇于探索新的监管模式、监管制度。通过培养和发展相关社会组织，激发特种设备检验市场的活力，鼓励社会公众参与特种设备安全监管过程等方式，提高各监管主体的联动性；强化监管机构本身的硬实力，精简机构和转变职能，实现权力下放，工作下沉，注重基层力量的培养，保障基层人员的利益，组建一批有责任的基层监管队伍，夯实基层一线监管和执法力量；深化现场监察及检验体制改革，探索现场监察的信息化、智能化手段，推动特种设备检验的市场化进程，提升现场监察的效率与效用，激发监督检验与定期检验的主动性。

4. 推动地方法律法规的逐步完善

在我国特种设备安全法规体系追求逐步完善的大环境、大背景下，地方法律法规作为我国法规体系的重要组成部分，各省发展和完善地方特种设备安全法律法规也显得十分重要。针对特种设备安全的地方立法要明确立法的本质目的和主要解决的重点问题，要以服务社会、服务特种设备安全为准则，对地方法律法规内容的针对性，设计的合理性，条款的可操作性，以及与国家层面法律法规的适应性进行把握，关注立法的实施效果。与此同时，随着特种设备行业的发展，技术的进步，安全监管手段的变化，针对已制定的地方性法律法规进行修订，不断地修正与实际相背的条款，结合现实条件的变化，完善法律法规的内容。

5. 根据特种设备数量配置监管资源

特种设备数量较多，规模较大的部分省份，配套监管资源相对薄弱，人员配置不合理、资金投入和物力资源不足，监管工作压力较大，现场监察存在一定的形式主义，检验资源较为短缺。因此，相关省份应通过实际需求调研，根据当地特种设备的数量，结合设备的类型，科学合理配置监管资源，加强监察与检验队伍建设，为特种设备安全监管提供人力保障，加强监察与检验资金的投入，为特种设备安全监管提供资金保障，加强监察与检验的物力资源，为特种设备安全监管提供物力保障，以此保障监察与检验工作切实有效地开展。

6. 严格履行安全监管责任与义务

省级及以下各级监管机构和检验机构应严格按照国家法律法规和监管制度所赋予的相关责任与义务开展监察与检验工作。监管机构应按照现场监察计划，督促企业在生产或使用特种设备过程中，按照特种设备安全法律法规的规定，落实安全措施，避免事故发生；检验机构应在制造、安装、维修、改造、使用等环节，对设备进行监督检验和定期检验，及时发掘设备安全隐患，并督促其按期整改；事故发生后，监管机构应与事故责任单位尽快作出反应，启动应急预案，高效完成事故的处理工作。

7. 提升事故应急与舆情管理能力

省级及以下各级监管机构应结合特种设备事故案例，不断提升事故应急与舆情管理的能力。加强事故应急与舆情管理工作的组织领导，建立逐级负责的责任落实机制；完善事故应急与舆情管理体系，加快建立健全管理体制和机制，并完善保障制度；提高特种设备安全事故应急与舆情管理的程序化、制度化、规范化水平，编制事故应急预案并进行演练；加快应急管理平台与舆情监测平台的建设，全面提升事故快速反应、应急统筹协调、网络舆情引导等能力。

8. 监控行业状况各要素的安全状态

特种设备行业状况是造成事故发生的直接原因，加强对行业状况各要素安全状态的监控是省级及以下各级监管机构的工作重点。制定严格的统计数据上报机制，实时了解所辖地区作业人员、特种设备、安全管理的情况，对存在的主要安全问题及时进行专项检查，将安全隐患消除在萌芽阶段；加强特种设备安全教育与宣传活动，鼓励特种设备生产、使用单位研发新技术、提升管理水平，引导行业安全管理信息化、智能化的发展。

9. 控制事故直接影响及网络舆情

当事故发生时，所在省份各级监管机构应按照事故的严重程度，通过应急平台，及时组建应急救援及事故处理小组，迅速做出响应，与企业相关应急队伍一起，以最大程度减少特种设备事故影响、有效保障群众身体健康和生命安全为目标，根据事故应急预案，妥善处理特种设备安全事故。与此同时，在事故发生后，及时落实事故责任，通报事故情况，并通过舆情监测平台，时刻关注特种设备事故所产生的网络舆情，做好相关应对措施，消除网络舆情的负面影响，避免事故影响扩大化。

7.2.2　指标分级控制策略

为了使各省区域特种设备安全对策更加明晰化，以 2015 年的风险预警等级测算结果为例，设计我国 31 个省级行政区域的特种设备安全风险指标分级控制表，具体如表 7.1 所示。根据各省区域特种设备安全风险指标的等级隶属度情况，按照最大隶属度的原则，确定各指标等级，并由高到低的顺序进行排序，划定优先控制级，确立二级预警以上指标优先控制，三级预警指标重点控制，四级预警指标次要控制的准则，并给出区域特种设备安全风险指标的"安全症结"和控制策略，具体如表 7.2 所示。

需要说明的是，控制的优先级不仅仅代表控制的先后顺利，也代表控制力度的大小。表中"☆"为通过区域特种设备安全风险指标的等级状况确定的各个省级区域特种设备安全优先控制指标；表中"△"表示依据表中区域特种设备安全风险指标的等级状况确定的各个省级区域特种设备安全重点控制的指标，属于相对较差指标，虽然不是优先改善指标，但是对于所属的省级区域而言，这些指标也应该重点控制；表中"√"为通过区域特种设备安全风险指标的等级状况确定的各个省级区域特种设备安全次要控制的指标，虽然是次要控制的指标，但不等于不控制，在特定时间内仍需完成整改。

表 7.1　2015 年我国内地省级行政区域的区域特种设备安全风险指标分级控制

指标\区域	Z2	D1	D7	X9	D9	X2	X5	D10	D3	Z4	DB3	Z5	Z6	DB2	D5	Z3	DB1	X1	X11	X10	D8	Z1	X8	D4	X4	D2	X7	X12	X6	D6	X3
C1-1	√			☆		√	☆	☆	◁	√	√	◁	◁	◁	√	◁	√	☆	☆	☆	√	☆	◁		☆		☆	☆	☆	√	◁
C1-2	◁		☆	◁	☆	☆	☆	☆	◁	☆	◁	☆	☆	◁	◁	☆		◁	◁	☆	√		◁	√	◁		☆	☆	☆	☆	☆
C2-1	◁		√	◁		◁	◁	◁	◁	◁	☆	◁	√	◁		◁		☆	☆	☆		◁	◁		◁	◁	☆	◁	◁		√
C2-2	◁			☆		◁	☆	√	◁	◁	◁	√	√	√		◁			√	√		◁	√		◁		◁	◁	☆		√
C3-1																					◁										
C3-2	√			☆		◁	◁	◁	☆	√	☆			☆		√	√	☆	☆	☆		☆	☆		√	◁	☆	☆	◁		
C4-1																															
C4-2	◁		◁	☆	☆	☆		◁		☆	√	◁	◁	◁		◁	☆	☆	√	☆	☆	◁	◁		√		◁	☆	☆		◁
C5-1	√	☆		◁	√	☆	√	☆	◁		◁	√	◁		☆	☆		√	√	☆	◁	◁	☆	☆	◁	☆	◁	√	☆	☆	
C5-2	◁	◁		◁	◁	☆	☆	☆	◁	◁	☆	√	√	√	◁	◁	√		√	☆	◁	☆	☆	◁	◁	◁	☆	√	☆	◁	◁
C5-3	√	☆	√	√	√	☆	☆	√			√			☆	◁	◁		☆	√	☆	☆	◁	☆	☆		☆	☆	√	√	☆	√
C6-1	◁	√	√	√	√		◁		◁		√	√	◁	☆	√	☆	◁	◁	√	☆		√	☆	√		√	☆	√	☆	√	√
C6-2	◁					◁	√					☆	☆	☆	√	☆	◁			☆		√	☆	√		√	☆	◁	☆	√	
C6-3																															
C6-4																															
C6-5	◁	√	◁	◁	◁	☆	◁	◁	◁	◁	◁	◁	◁	◁	√	☆	☆	☆	◁	◁	☆	☆	◁	√	√	◁	√	√	☆	√	√
C7-1	◁		√	◁	☆	◁				◁		◁	◁		☆	◁	☆			☆		◁					☆	☆			◁
C7-2	√	√	◁		√	◁	◁	☆	◁		☆		☆		√	√	◁				◁	☆	◁	☆	◁	☆		☆	☆	√	☆
C7-3	√	√	◁	☆	√	◁				√		√		◁		◁	◁	√	☆	☆		◁	√	√		◁	☆	☆	☆	√	√
C7-4	√	√	◁	◁	◁		☆	☆	◁	◁		◁	☆	☆	◁	◁	◁	◁	☆	☆		◁			√	◁	☆	☆	◁	√	◁
C8-1	☆	☆	☆			√		☆		◁				√		☆	√	◁		√	☆	◁		◁	◁	√	☆	◁	◁		☆

表 7.1（续）

指标 区域	Z2	D1	D7	X9	D9	X2	X5	D10	D3	Z4	DB3	Z5	Z6	DB2	D5	Z3	DB1	X1	X11	X10	D8	Z1	X8	D4	X4	D2	X7	X12	X6	D6	X3
C8-2	◁	√	√	√	√	☆	◁	√	◁	◁	√	√	◁	☆	√	☆	◁	☆	◁	☆	√	◁	☆	√	◁	√	☆	☆	☆	√	◁
C8-3	◁	☆	☆	◁		√	√	☆	◁	√	√	√	√	√	◁	√	√	☆	√	√	◁	◁	☆	◁	◁	☆	☆	☆	√	◁	◁
C9-1	◁		√	√		☆	☆	◁	◁	◁	◁	☆	◁	☆	√	☆	☆	◁	◁	◁	√	◁	◁	◁	√	◁	☆	☆	☆	√	√
C9-2	◁	√	√	◁	√	☆	◁	√	√	√	◁	◁	☆	◁	◁	√	√	√	◁	√	☆	◁	√	☆	◁	√	√	√	☆	◁	☆
C9-3	◁	√	√	◁	☆	☆	◁	√	◁	◁	√	◁	☆	√	◁	√	√	√	◁	√	√	◁	√	◁	◁	◁	☆	☆	☆	◁	☆
C10-1	√	√	√	☆	◁	◁	◁	☆	√	◁	√	√	☆	√	◁	☆	√	☆	◁	√	◁	◁	☆	◁	◁	☆	◁	√	◁	◁	◁
C10-2	◁	◁	√	√	◁	◁	☆	√	√	◁	√	√	☆	√	☆	√	◁	◁	√	√	√	√	◁	☆	◁	√	√	√	√	√	☆
C10-3	√	◁		◁	√	◁	√	√	◁	◁	√	√	√	√	√	√	√	√	√	☆	√	√	√	√	◁	◁	√	√	◁	√	◁
C11	◁	√	◁	◁	◁	◁	◁	◁	√	√	√	◁	√	√	√	√	√	√	◁	√	☆	√	√	√	√	◁	√	√	◁	√	☆
C12	◁	√	◁	☆	√	√	☆	√	◁	√	◁	◁	☆	√	√	☆	√	◁	√	☆	√	◁		☆	◁	√	√	☆	√	√	◁
C13-1	√	√		◁	◁	☆	◁	◁	◁	√	√	◁	√	◁		√	☆	√	◁	√	√		◁	√		◁		◁	◁		☆
C13-2	√		√	√	◁	◁	☆	☆	√	☆	√	◁	√	◁		☆	☆	√	√		☆			☆	◁	√		√	√		√
C13-3		√	◁	☆	√	√	☆	☆	√	☆	◁	◁	√	☆		◁	◁	√	√	√	☆	√	◁	☆		√		◁	√		◁
C14-1	√	√	◁	☆	◁	◁	√	√	√	√	√	◁	√	☆		√	◁	√	√	√	√	√	◁	◁	◁	√		√	√		☆
C14-2	◁		√	☆	☆	☆	◁	√	√	☆	√	☆	☆	√		√	☆	◁		√	√			◁	◁	√	√	√	√		◁
C14-3	◁		√	☆	◁	◁	√	√	◁	☆	√	☆	◁	√		√	√	☆	√	☆	√	◁	◁	☆	◁	√	√	√	√		◁

表 7.2 区域特种设备安全风险指标的"安全症结"和控制策略

三级指标	安全"症结"	控制策略
C1-1 地质条件	地质条件不利于特种设备安全	针对地质条件加强特种设备生产、使用等环节的安全防护措施，提高作业的警惕性
C1-2 气候条件	气候条件不利于特种设备安全	针对气候条件加强特种设备生产、使用等环节的安全防护措施，提高作业的警惕性
C2-1 社会发展水平	社会发展水平落后	在加快经济发展的基础上，从各个方面提升社会发展水平，重点提高群众的安全意识
C2-2 经济发展水平	经济发展水平落后	依托国家的政策支持，周边经济协作区的带动，加快经济发展进程
C3-1 国家监管体制合理性	国家监管体制不合理	为国家监管体制的改革提供建议和意见
C3-2 地方监管体制合理性	地方监管体制不合理	探索地方监管体制的改革措施，优化地方监管体制
C4-1 国家法规体系健全程度	国家法规体系不健全	为国家法规体系的完善提供建议和意见
C4-2 地方法规体系健全程度	地方法规体系不健全	基于国家法规体系，推动地方法规体系的逐步完善
C5-1 人员配置	监管人员与特种设备数量不匹配	在编制要求范围内，适当增加监管人员，同时招聘协管人员，辅助进行安全监察工作
C5-2 资金投入	资金投入与特种设备数量不匹配	加大监察资金投入，鼓励社会资本进入检验行业
C5-3 物力资源	物力资源与特种设备规模不匹配	加大监察硬件条件及检验技术装备的投入，不断提高特种设备安全监管的信息化水平
C6-1 监督检验执行情况	生产环节存在未监督检验情况	对存在未监督检验设备的地区（地市）和单位进行专项检查
C6-2 定期检验执行情况	使用环节存在未定期检验情况	对存在未定期检验设备的地区（地市）和单位进行专项检查
C6-3 执法监督检查情况	存在未完成现场监察任务情况	对未完成现场监察任务的地区（地市）进行处罚，责令完成现场监察任务

表 7.2（续）

三级指标	安全"症结"	控制策略
C6－4 事故处理执行情况	存在未结案的特种设备安全事故	监督事故发生地区（地市）尽快完成对特种设备安全事故的处理，顺利结案
C6－5 安全监察责任履行	行政执法过程存在不公正现象	展开调查，针对行政执法过程中存在的不公正现象进行处罚
C7－1 应急管理平台	应急管理平台建设及应用迟缓	加速全省范围内的应急管理平台建设并有效应用
C7－2 事故应急预案	无事故应急预案或未定期演练	建立特种设备安全事故应急预案并定期进行演练，对存在问题的地区（地市）进行处罚
C7－3 舆情监测平台	舆情监测平台建设及应用迟缓	加速全省范围内的网络舆情监测平台建设并有效应用
C7－4 舆情处理能力	网络舆情处理能力不足	提升全省各级政府特种设备安全监管机构的网络舆情处理能力
C8－1 作业人员配置	作业人员与特种设备数量不匹配	加强对特种设备作业人员配置情况的检查，发现不合理配置勒令整改
C8－2 作业人员资质	存在无证操作的作业人员	对存在无证操作人员的地区（地市）和单位进行专项检查
C8－3 作业人员工作经验	缺乏经验丰富的作业人员	鼓励各单位培养作业人员，对经验丰富的作业人员进行政策补贴，避免老员工的流失
C9－1 设备使用登记情况	存在未进行注册登记的特种设备	对存在未进行注册登记的特种设备的地区（地市）和单位进行专项检查
C9－2 监督检验存在问题情况	监督检验发现设备存在问题	对监督检验发现设备存在较多问题的地区（地市）和单位进行专项检查
C9－3 定期检验存在问题情况	定期检验发现设备存在问题	对定期检验发现设备存在较多问题的地区（地市）和单位进行专项检查
C10－1 安全管理合规性	生产使用单位存在安全管理问题	对存在较多安全管理问题的生产使用单位进行专项检查

表 7.2（续）

三级指标	安全"症结"	控制策略
C10-2 安全管理问题整改	安全管理问题存在未整改现象	对安全管理问题未整改的生产使用单位进行处罚和专项检查
C10-3 安全管理人员配置	安全管理人员配置不合理	根据地区作业人员的数量，合理的调整配置安全管理人员的数量
C11 安全环境	安全文化氛围和安全信息化差	加强特种设备安全宣传教育，提升人们对安全的认知能力，提高安全管理信息化水平
C12 技术水平	安全技术和安全管理水平低	鼓励创新技术、研发新产品，提高安全技术水平、提升安全管理方法先进性
C13-1 事故数量	发生特种设备安全事故	对事故数量较多地区（地市）和单位进行专项检查，深入分析事故原因，总结经验教训
C13-2 事故伤亡情况	特种设备安全事故造成人员伤亡	对事故伤亡较多地区（地市）和单位进行专项检查，深入分析事故原因，总结经验教训
C13-3 事故经济损失	特种设备安全事故造成经济损失	对事故损失较大地区（地市）和单位进行专项检查，深入分析事故原因，总结经验教训
C14-1 网民关注度	特种设备安全事故引发网民关注	监控特种设备事故所产生的网络舆情，做好相关应对措施
C14-2 态度倾向性	特种设备安全事故存在负面评论	监控特种设备事故所产生的网络舆情，消除网络舆情的负面影响
C14-3 事件发酵时长	特种设备安全事故发酵时间较长	监控特种设备事故所产生的网络舆情，避免事故影响扩大化

　　综上所述，从表7.1各省的指标控制优先级和表7.2各指标控制策略分析，可以确定各省针对性的改善策略。但需要说明的是，本书所列举的指标控制策略相对宏观，只作为政策性指引，具体可操作性的控制策略应由各省监管机构根据所辖区域的具体问题和自身监管的情况制定。

附录 A 专家访谈提纲

尊敬的专家：

您好！非常感谢您从百忙之中抽出时间接受我的访谈，本次访谈的目的是探究"基于监管视角的区域特种设备安全风险"。所统计信息仅用于学术研究，涉及相关单位信息将在后期分析中隐去！请您在了解下述定义的基础上，从监管的视角出发，结合工作和研究经验，回答以下问题，协助我们顺利完成本次研究，再次表示感谢！

基于监管视角的区域特种设备安全风险，主要侧重的是整个行业或某个区域特种设备的系统性安全风险。通过前期的基础理论研究，我们将基于监管视角的区域特种设备安全风险定义为：以区域特种设备安全为目标的行动过程中，由于客观条件的不确定性和系统各要素的状态与目标利益相悖而引起的实际绩效与预期绩效之间的负向偏差，其中系统各要素的状态应是监管机构关注且能够通过规制手段进行控制和干预的群体状态，负向偏差不仅取决于系统各要素不安全状态发生的概率，而且还取决于各种不利因素发生之后，给整个区域特种设备安全所带来的负面偏差的大小。

在确定风险因素时，并不关注微观层面事故发生的直接原因，主要关注那些宏观层面可以反应或衡量不安全事件发生概率和影响程度的因素。例如，某个操作人员的违规操作不作为本次研究所关注的风险因素，应从宏观层面考虑操作人员整个群体的三违情况、资质情况、工作经验和培训情况等。

一、基础信息

1. 您的年龄、职称、学位情况，以及您目前供职的单位名称？

2. 您从事与特种设备安全监管相关工作或研究的时间？

3. 通过上述定义，您对"基于监管视角的区域特种设备安全风险"的认识是否清晰、明确？若不明确，存在哪些问题？

二、核心问题

简单回答以下问题，并说明原因。

1. 您认为影响行业或区域特种设备安全的不确定性及客观条件有哪些？

2. 您认为影响行业或区域特种设备安全的各利益相关方有哪些？如何影响行业或区域特种设备安全？

3. 您认为影响行业或区域特种设备安全的各利益相关方目前存在哪些问题？

4. 您认为各利益相关方存在上述问题的原因是什么？应如何解决？

5. 您认为有哪些影响行业或区域特种设备安全的风险因素？

6. 您认为刚刚陈述的风险因素之间有什么关联关系？

7. 除了以上内容，您还有什么需要补充吗？

附录 B 基于监管视角的区域特种设备安全风险 结构关系分析调查问卷

您好！非常感谢您从百忙之中抽出时间参与本次调查，本次调查的主要目的是探究"基于监管视角的区域特种设备安全风险的结构关系"，所统计信息仅用于学术研究，涉及相关省市及单位信息将在后期分析中隐去，请您放心填写！请您在了解下述定义的基础上，从您的工作和研究经验出发，对下述问题进行判断，以便协助课题组顺利完成本次研究，再次表示感谢！

基于监管视角的区域特种设备安全风险，主要侧重的是整个行业或某个区域特种设备的系统性安全风险。通过前期的基础理论研究，我们将基于监管视角的区域特种设备安全风险定义为：在政府监管的视角下，以区域特种设备安全为目标的行动过程中，由于系统外部的宏观环境和系统内部的体制制度、监管状态、行业状况、事故影响等要素的状态与目标利益相悖而引起的实际绩效与预期绩效之间的负向偏差，其中系统内部各要素的状态是监管部门能够通过规制手段进行控制和干预的群体状态。本调查主要针对系统内部风险进行研究。

第一部分：基本信息

1. 您所在地区名称：_____省_____市

2. 您供职单位名称：_____

3. 您供职单位属性：

□监察机构 □检验机构 □企业自检机构 □企业管理部门 □行业相关机构

4. 从事特设相关工作时间：

□低于 5 年   □5～10 年   □10～20 年   □高于 20 年

5. 职称：_____ 最高学历：_____ 年龄：_____

第二部分：地区实际情况评分

请您从实际出发，根据主观判断，对以下描述情况的符合程度进行选择，完全不符合选 1，完全符合选 5，依次递增。

考虑因素	完全不符合 1 - 2 - 3 - 4 - 5 完全符合
1. 体制制度方面 A1-1 我国特种设备安全监管实现了多主体的合作与协同，联动性很强	□1 □2 □3 □4 □5

（续）

考虑因素	完全不符合 1 - 2 - 3 - 4 - 5 完全符合
A1-2 我国特种设备安全监管模式满足当前特种设备行业与社会的发展需要	☐1 ☐2 ☐3 ☐4 ☐5
A1-3 我国特种设备安全监管制度完善，与监管模式的匹配程度高	☐1 ☐2 ☐3 ☐4 ☐5
A1-4 我国特种设备安全监管主体责权利划分不清晰，合作不畅通	☐1 ☐2 ☐3 ☐4 ☐5
A2-1 当前我国特种设备相关法律法规健全，不存在矛盾和问题	☐1 ☐2 ☐3 ☐4 ☐5
A2-3 当前我国特种设备相关部门规章健全，不存在矛盾和问题	☐1 ☐2 ☐3 ☐4 ☐5
A2-3 当前我国特种设备相关技术规范健全，不存在矛盾和问题	☐1 ☐2 ☐3 ☐4 ☐5
A2-4 当前我国特种设备相关标准健全，不存在矛盾和问题	☐1 ☐2 ☐3 ☐4 ☐5
2. 监管状态方面	
B1-1 您所属地区特种设备安全监察及检验人力资源与设备的匹配程度好	☐1 ☐2 ☐3 ☐4 ☐5
B1-2 您所属地区特种设备安全监察及检验投入资金与设备的匹配程度好	☐1 ☐2 ☐3 ☐4 ☐5
B1-3 您所属地区特种设备安全监察及检验物力资源与设备的匹配程度好	☐1 ☐2 ☐3 ☐4 ☐5
B1-4 您所属地区特种设备安全监察及检验人员工作量不堪重负	☐1 ☐2 ☐3 ☐4 ☐5
B2-1 您所属地区特种设备制造、安装、改造、重大修理等环节的监督检验执行情况好，监督检验执行率高，很少有未监督检验的设备	☐1 ☐2 ☐3 ☐4 ☐5
B2-2 您所属地区特种设备的定期检验执行情况好，定期检验率高	☐1 ☐2 ☐3 ☐4 ☐5
B2-3 您所属地区特种设备的执法监督检查执行情况好，严格按照计划完成了执法监督检查	☐1 ☐2 ☐3 ☐4 ☐5
B2-4 您所属地区政府对特种设备事故处理执行情况好，事故结案率高	☐1 ☐2 ☐3 ☐4 ☐5
B2-5 您所属地区监督检验、定期检验、执法监察、事故处理等监管过程很公正，行政执法投诉率低	☐1 ☐2 ☐3 ☐4 ☐5
B3-1 您所属地区有健全的特种设备安全事故应急管理平台并实现了有效应用	☐1 ☐2 ☐3 ☐4 ☐5
B3-2 您所属地区建立了特种设备安全事故应急预案并定期进行演练	☐1 ☐2 ☐3 ☐4 ☐5

（续）

考虑因素	完全不符合 1－2－3－4－5 完全符合
B3－3 您所属地区有健全的特种设备安全舆情监测平台并实现了有效应用	□1 □2 □3 □4 □5
B3－4 您所属地区政府具备较强的舆情处理能力	□1 □2 □3 □4 □5
3．行业状况方面	
C1－1 您所属地区特种设备生产、使用单位的作业人员配置合理	□1 □2 □3 □4 □5
C1－2 您所属地区特种设备从业人员整体基本素质高	□1 □2 □3 □4 □5
C1－3 您所属地区特种设备作业人员持证情况良好，基本不存在无证操作	□1 □2 □3 □4 □5
C1－4 您所属地区特种设备作业人员整体的工作经验丰富	□1 □2 □3 □4 □5
C1－5 您所属地区特种设备作业人员整体每年所接受专业培训的力度大	□1 □2 □3 □4 □5
C2－1 您所属地区应办理登记的设备未注册登记的情况基本不存在	□1 □2 □3 □4 □5
C2－2 您所属地区特种设备整体的老化程度低，老化设备占比低	□1 □2 □3 □4 □5
C2－3 您所属地区特种设备整体的监督检验和定期检验结果好，检验合格率高，质量安全问题少	□1 □2 □3 □4 □5
C2－4 您所属地区定期检验和监督检验不合格设备的整改情况良好	□1 □2 □3 □4 □5
C2－5 您所属地区特种设备整体的设备故障率低	□1 □2 □3 □4 □5
C3－1 您所属地区特种设备监管机构下达的监察指令少，特种设备生产使用单位的安全问题少	□1 □2 □3 □4 □5
C3－2 您所属地区监察指令下达后，特种设备生产使用单位安全问题整改率高	□1 □2 □3 □4 □5
C3－3 您所属地区特种设备生产、使用单位的安全管理人员配置合理	□1 □2 □3 □4 □5
C3－4 您所属地区特种设备生产、使用单位整体安全投入高	□1 □2 □3 □4 □5
C3－5 您所属地区特种设备生产、使用单位安全问题较多	□1 □2 □3 □4 □5
C4－1 您所属地区安全文化氛围以及相关人员对安全的认知能力好	□1 □2 □3 □4 □5
C4－2 您所属地区安全信息化发展进程快，安全技术及管理信息化程度好	□1 □2 □3 □4 □5
C5－1 您所属地区生产和使用的特种设备先进，安全性能好，安全技术先进	□1 □2 □3 □4 □5
C5－2 您所属地区各类特种设备相关单位的安全管理方法先进	□1 □2 □3 □4 □5
4．事故影响方面	
D1－1 您所属地区万台特种设备发生安全事故的数量少	□1 □2 □3 □4 □5

（续）

考虑因素	完全不符合 1 - 2 - 3 - 4 - 5 完全符合
D1－2 您所属地区万台特种设备发生安全事故，导致伤亡的数量少	□1　□2　□3　□4　□5
D1－3 您所属地区万台特种设备发生安全事故，导致的经济损失少	□1　□2　□3　□4　□5
D2－1 您所属地区特种设备发生安全事故受到网民的关注度低	□1　□2　□3　□4　□5
D2－2 您所属地区特种设备发生安全事故所造成的民众不满意度低	□1　□2　□3　□4　□5
D2－3 您所属地区特种设备安全事故在网络媒体上的发酵时间较短	□1　□2　□3　□4　□5
D2－4 您所属地区特种设备发生安全事故引发社会群众强烈不满	□1　□2　□3　□4　□5

附录 C　基于监管视角的区域特种设备安全风险指标权重分析调查问卷

您好！非常感谢您从百忙之中抽出时间参与本次调查，本次调查的主要目的是调查和研究"基于监管视角的区域特种设备安全风险指标的权重"，其是基于监管视角的区域特种设备安全风险预警的基础工作，所统计信息仅用于学术研究，请您放心填写！再次感谢！

表 C.1　风险指标两两比较评分标准

评分值 X_{ij}	定义	说明
1	同等重要	a_i 和 a_j 对目标的贡献度相等
3	稍微重要	a_i 对目标的贡献度稍微比 a_j 大
5	明显重要	a_i 对目标的贡献度明显比 a_j 大
7	非常重要	a_i 对目标的贡献度比 a_j 大得多
9	极端重要	a_i 对目标的贡献度远超出于 a_j
2，4，6，8	介于上下标度之间的值，表示 a_i 对目标的贡献度与 a_j 相比高于上一标度，但低于下一标度值	
上述值的倒数	若 a_i 与 a_j 元素相比时，标度值为 X_{ij}，那么 a_j 与 a_i 元素相比时，标度指为 $1/X_{ij}$	

下面请您认真比较各个不同层次的风险指标在不同准则下的重要程度后，得出两两比较评分值 X_{ij}，并将数值一一填入以下各表相应位置。指标两两比较，评分标准见表 C.1。

1. 以事故影响为准则，行业状况和监管状态按照其对事故的影响大小对比重要程度

事故影响	行业状况	监管状态
行业状况	1	
监管状态		1

2. 以体制制度为准则，行业状况和监管状态按照其对体制制度的影响大小对比重要程度

体制制度	行业状况	监管状态
行业状况	1	
监管状态		1

3. 以监管状态为准则，事故影响、行业状况和体制制度按照其对监管状态的影响大小对比重要程度

监管状态	事故影响	行业状况	体制制度
事故影响	1		
行业状况		1	
体制制度			1

4. 以行业状况为准则，事故影响、监管状态和体制制度按照其对行业状况的影响大小对比重要程度

行业状况	事故影响	监管状态	体制制度
事故影响	1		
监管状态		1	
体制制度			1

5. 以事故直接影响为准则，应急与舆情管理、监管执行和监管资源按照其对事故直接影响的大小对比重要程度

事故直接影响	应急与舆情管理	监管执行	监管资源
应急与舆情管理	1		
监管执行		1	
监管资源			1

6. 以事故直接影响为准则，作业人员状态、安全管理状况、设备状态、安全环境和技术水平按照其对事故直接影响的大小对比重要程度

事故直接影响	作业人员状态	安全管理状况	设备状态	安全环境	技术水平
作业人员状态	1				
安全管理状况		1			
设备状态			1		
安全环境				1	
技术水平					1

7. 以网络舆情影响为准则，应急与舆情管理和监管执行按照其对网络舆情影响的大

小对比重要程度

网络舆情影响	应急与舆情管理	监管执行
应急与舆情管理	1	
监管执行		1

8. 以网络舆情影响为准则，作业人员状态、安全管理状况、设备状态、安全环境和技术水平按照其对网络舆情影响的大小对比重要程度

网络舆情影响	作业人员状态	安全管理状况	设备状态	安全环境	技术水平
作业人员状态	1				
安全管理状况		1			
设备状态			1		
安全环境				1	
技术水平					1

9. 以法规体系健全性为准则，应急与舆情管理、监管执行和监管资源按照其对法规体系健全性的影响大小对比重要程度

法规体系健全性	应急与舆情管理	监管执行	监管资源
应急与舆情管理	1		
监管执行		1	
监管资源			1

10. 以法规体系健全性为准则，作业人员状态、安全管理状况、设备状态、安全环境和技术水平按照其对法规体系健全性的影响大小对比重要程度

法规体系健全性	作业人员状态	安全管理状况	设备状态	安全环境	技术水平
作业人员状态	1				
安全管理状况		1			
设备状态			1		
安全环境				1	
技术水平					1

11. 以监管体制合理性为准则，监管执行和监管资源按照其对监管体制合理性的影响大小对比重要程度

监管体制合理性	监管执行	监管资源
监管执行	1	
监管资源		1

12. 以监管体制合理性为准则，作业人员状态、安全管理状况、安全环境和技术水平按照其对监管体制合理性的影响大小对比重要程度

监管体制合理性	作业人员状态	安全管理状况	安全环境	技术水平
作业人员状态	1			
安全管理状况		1		
安全环境			1	
技术水平				1

13. 以应急与舆情管理为准则，事故直接影响和网络舆情影响按照其对应急与舆情管理的影响大小对比重要程度

应急与舆情管理	事故直接影响	网络舆情影响
事故直接影响	1	
网络舆情影响		1

14. 以监管执行为准则，事故直接影响和网络舆情影响按照其对监管执行的影响大小对比重要程度

监管执行	事故直接影响	网络舆情影响
事故直接影响	1	
网络舆情影响		1

15. 以监管执行为准则，监管体制合理性和法规体系健全性按照其对监管执行的影响大小对比重要程度

监管执行	监管体制合理性	法规体系健全性
监管体制合理性	1	
法规体系健全性		1

16. 以监管执行为准则，作业人员状态、安全管理状况、设备状态、安全环境和技术水平按照其对监管执行的影响大小对比重要程度

监管执行	作业人员状态	安全管理状况	设备状态	安全环境	技术水平
作业人员状态	1				
安全管理状况		1			
设备状态			1		
安全环境				1	
技术水平					1

17. 以监管资源为准则，监管体制合理性和法规体系健全性按照其对监管资源的影响大小对比重要程度

监管资源	监管体制合理性	法规体系健全性
监管体制合理性	1	
法规体系健全性		1

18. 以监管资源为准则，作业人员状态、安全管理状况、设备状态、安全环境和技术水平按照其对监管资源的影响大小对比重要程度

监管资源	作业人员状态	安全管理状况	设备状态	安全环境	技术水平
作业人员状态	1				
安全管理状况		1			
设备状态			1		
安全环境				1	
技术水平					1

19. 以作业人员状态为准则，事故直接影响和网络舆情影响按照其对作业人员状态的影响大小对比重要程度

作业人员状态	事故直接影响	网络舆情影响
事故直接影响	1	
网络舆情影响		1

20. 以作业人员状态为准则，监管体制合理性和法规体系健全性按照其对作业人员状态的影响大小对比重要程度

作业人员状态	监管体制合理性	法规体系健全性
监管体制合理性	1	
法规体系健全性		1

21. 以作业人员状态为准则，监管资源和监管执行按照其对作业人员状态的影响大小

对比重要程度

作业人员状态	监管资源	监管执行
监管资源	1	
监管执行		1

22．以安全环境为准则，事故直接影响和网络舆情影响按照其对安全环境的影响大小对比重要程度

安全环境	事故直接影响	网络舆情影响
事故直接影响	1	
网络舆情影响		1

23．以安全环境为准则，监管体制合理性和法规体系健全性按照其对安全环境的影响大小对比重要程度

安全环境	监管体制合理性	法规体系健全性
监管体制合理性	1	
法规体系健全性		1

24．以安全环境为准则，监管资源和监管执行按照其对安全环境的影响大小对比重要程度

安全环境	监管资源	监管执行
监管资源	1	
监管执行		1

25．以安全管理状况为准则，事故直接影响和网络舆情影响按照其对安全管理状况的影响大小对比重要程度

安全管理状况	事故直接影响	网络舆情影响
事故直接影响	1	
网络舆情影响		1

26．以安全管理状况为准则，监管体制合理性和法规体系健全性按照其对安全管理状况的影响大小对比重要程度

安全管理状况	监管体制合理性	法规体系健全性
监管体制合理性	1	
法规体系健全性		1

27. 以安全管理状况为准则，监管资源和监管执行按照其对安全管理状况的影响大小对比重要程度

安全管理状况	监管资源	监管执行
监管资源	1	
监管执行		1

28. 以技术水平为准则，事故直接影响和网络舆情影响按照其对技术水平的影响大小对比重要程度

技术水平	事故直接影响	网络舆情影响
事故直接影响	1	
网络舆情影响		1

29. 以技术水平为准则，监管体制合理性和法规体系健全性按照其对技术水平的影响大小对比重要程度

技术水平	监管体制合理性	法规体系健全性
监管体制合理性	1	
法规体系健全性		1

30. 以技术水平为准则，监管资源和监管执行按照其对技术水平的影响大小对比重要程度

技术水平	监管资源	监管执行
监管资源	1	
监管执行		1

31. 以设备状态为准则，事故直接影响和网络舆情影响按照其对设备状态的影响大小对比重要程度

设备状态	事故直接影响	网络舆情影响
事故直接影响	1	
网络舆情影响		1

32. 以设备状态为准则，监管资源和监管执行按照其对设备状态的影响大小对比重要程度

设备状态	监管资源	监管执行
监管资源	1	
监管执行		1

33. 以区域特种设备安全风险为准则，系统内部风险和系统外部风险进行重要程度对比

区域特种设备安全风险	系统内部风险	系统外部风险
系统内部风险	1	
系统外部风险		1

34. 以宏观环境为准则，自然环境和社会经济环境进行重要程度对比

宏观环境	自然环境	社会经济环境
自然环境	1	
社会经济环境		1

35. 以自然环境为准则，地质条件和气候条件进行重要程度对比

自然环境	地质条件	气候条件
地质条件	1	
气候条件		1

36. 以监管体制合理性为准则，国家监管体制合理性和地方监管体制合理性进行重要程度对比

监管体制合理性	国家监管体制合理性	地方监管体制合理性
国家监管体制合理性	1	
地方监管体制合理性		1

37. 以法规体系健全性为准则，国家法规体系健全程度和地方法规体系健全程度进行重要程度对比

法规体系健全性	国家法规体系健全程度	地方法规体系健全程度
国家法规体系健全程度	1	
地方法规体系健全程度		1

38. 以监管资源为准则，人员配置、资金投入和物力资源进行重要程度对比

监管资源	人员配置	资金投入	物力资源
人员配置	1		
资金投入		1	
物力资源			1

39. 以监管执行为准则，监督检验执行情况、定期检验执行情况、执法监督检查情况、事故处理执行情况和安全监察责任履行进行重要程度对比

监管执行	监督检验执行情况	定期检验执行情况	执法监督检查情况	事故处理执行情况	安全监察责任履行
监督检验执行情况	1				
定期检验执行情况		1			
执法监督检查情况			1		
事故处理执行情况				1	
安全监察责任履行					1

40. 以应急与舆情管理为准则，应急管理平台、事故应急预案、舆情监测平台和舆情处理能力进行重要程度对比

应急与舆情管理	应急管理平台	事故应急预案	舆情监测平台	舆情处理能力
应急管理平台	1			
事故应急预案		1		
舆情监测平台			1	
舆情处理能力				1

41. 以作业人员状态为准则，作业人员配置、作业人员资质和作业人员工作经验进行重要程度对比

作业人员状态	作业人员配置	作业人员资质	作业人员工作经验
作业人员配置	1		
作业人员资质		1	
作业人员工作经验			1

42. 以设备状态为准则，设备使用登记情况、监督检验存在问题情况和定期检验存在问题进行重要程度对比

设备状态	设备使用登记情况	监督检验存在问题情况	定期检验存在问题情况
设备使用登记情况	1		
监督检验存在问题情况		1	
定期检验存在问题情况			1

43. 以安全管理状况为准则，安全管理合规性、安全管理问题整改和安全管理人员配置进行重要程度对比

安全管理状况	安全管理合规性	安全管理问题整改	安全管理人员配置
安全管理合规性	1		
安全管理问题整改		1	
安全管理人员配置			1

44. 以事故直接影响为准则，事故数量、事故伤亡情况和事故经济损失进行重要程度对比

事故直接影响	事故数量	事故伤亡情况	事故经济损失
事故数量	1		
事故伤亡情况		1	
事故经济损失			1

45. 以网络舆情影响为准则，网络关注度、态度倾向性和事件发酵时长进行重要程度对比

网络舆情影响	网络关注度	态度倾向性	事件发酵时长
网络关注度	1		
态度倾向性		1	
事件发酵时长			1

附录 D 基于监管视角的区域特种设备安全风险定性指标数据调查问卷

您好！非常感谢您从百忙之中抽出时间参与本次调查，本次调查的主要目的是调查"基于监管视角的区域特种设备安全风险指标数据"，所统计信息仅用于学术研究，涉及相关省市及单位的信息将在后期分析中隐去，请您放心填写！再次感谢！

第一部分：基本信息

1. 您所在地区名称：＿＿＿＿＿＿省＿＿＿＿＿＿市

2. 您供职单位名称：

3. 您供职单位属性：

□ 监察机构 □ 检验机构 □ 特种设备生产/使用单位

4. 从事特设相关工作时间：

□低于 5 年 □5～10 年 □10～20 年 □ 高于 20 年

5. 职称：＿＿＿＿＿＿ 最高学历：＿＿＿＿＿＿ 年龄：＿＿＿＿＿＿

第二部分：指标评价问卷

请您从所在省份的实际出发，根据下列风险指标评价依据，对风险指标的安全状态（即对特种设备安全的影响，负面影响越小，安全状态越好）进行主观评价，并按照很好（5）、好（4）、一般（3）、差（2）、很差（1）进行评分。

注：监察及检验机构工作人员仅需评价指标 1-11；特种设备生产/使用单位人员仅需评价指标 12。

风险指标	指标评价依据	很差 1 - 2 - 3 - 4 - 5 很好
1 地质条件	地质条件的安全状态，即地形地貌、水文地质条件等对特种设备安全产生负面影响的大小，负面影响越大安全状况越差，反之同理	□1 □2 □3 □4 □5
2 气候条件	气候条件的安全状态，即气温、降水、光照、气温日较差（温差）等对特种设备安全产生负面影响的大小，负面影响越大安全状况越差，反之同理	□1 □2 □3 □4 □5

（续）

风险指标	指标评价依据	很差 1 - 2 - 3 - 4 - 5 很好				
3 国家监管体制合理性	我国特种设备安全监管主体联动性、监管模式合理性、监管制度完善性的综合情况	□1	□2	□3	□4	□5
4 地方监管体制合理性	地区特种设备安全监管主体联动性、监管模式合理性、监管制度完善性的综合情况	□1	□2	□3	□4	□5
5 国家法规体系健全程度	国家层面的法律法规、部门规章、技术规范、标准等整体的健全程度	□1	□2	□3	□4	□5
6 地方法规体系健全程度	地方层面的法律法规健全程度	□1	□2	□3	□4	□5
7 应急管理平台	特种设备安全事故应急管理平台的构建及应用情况	□1	□2	□3	□4	□5
8 事故应急预案	特种设备安全事故应急预案的制定及定期演练情况	□1	□2	□3	□4	□5
9 舆情监测平台	特种设备安全事故舆情监测平台的构建及应用情况	□1	□2	□3	□4	□5
10 安全环境	安全文化氛围以及相关人员对安全的认知能力和安全信息化发展进程及安全技术及管理信息化程度	□1	□2	□3	□4	□5
11 技术水平	生产、使用的特种设备先进程度、安全性情况及技术先进性和特种设备相关单位的安全管理方法先进性	□1	□2	□3	□4	□5
12 安全监察责任履行	监察、检验机构在其安全监察和检验工作中的责任履行情况	□1	□2	□3	□4	□5

附录 E 基于监管视角的区域特种设备安全风险指标数据表

基于监管视角的区域特种设备安全风险指标数据见表 E.1 和表 E.2。

表 E.1 定性指标数据

地区/省（直辖市）	C1-1	C1-2	C3-1	C3-2	C4-1	C4-2
Z2	(1, 2, 3, 4, 0)	(2, 3, 4, 1, 0)	(0, 0, 31, 93, 186)	(1, 2, 2, 5, 0)	(0, 68, 65, 78, 99)	(2, 3, 3, 2, 0)
D1	(0, 0, 0, 2, 8)	(0, 0, 1, 2, 7)	(0, 0, 31, 93, 186)	(0, 0, 1, 3, 6)	(0, 68, 65, 78, 99)	(0, 0, 1, 2, 7)
D7	(0, 0, 2, 3, 5)	(2, 4, 3, 1, 0)	(0, 0, 31, 93, 186)	(0, 1, 1, 4, 4)	(0, 68, 65, 78, 99)	(0, 0, 2, 1, 7)
X9	(3, 4, 2, 1, 0)	(1, 2, 5, 2, 0)	(0, 0, 31, 93, 186)	(2, 5, 2, 1, 0)	(0, 68, 65, 78, 99)	(4, 2, 2, 1, 1)
D9	(0, 0, 3, 2, 5)	(3, 4, 2, 1, 0)	(0, 0, 31, 93, 186)	(0, 1, 3, 1, 5)	(0, 68, 65, 78, 99)	(0, 0, 1, 1, 8)
X2	(3, 3, 2, 2, 0)	(4, 3, 2, 1, 0)	(0, 0, 31, 93, 186)	(2, 2, 3, 3, 0)	(0, 68, 65, 78, 99)	(4, 2, 3, 1, 0)
X5	(2, 5, 3, 0, 0)	(4, 2, 2, 2, 0)	(0, 0, 31, 93, 186)	(1, 3, 3, 3, 0)	(0, 68, 65, 78, 99)	(1, 2, 2, 2, 3)
D10	(3, 3, 2, 1, 1)	(3, 5, 1, 1, 0)	(0, 0, 31, 93, 186)	(2, 2, 4, 2, 0)	(0, 68, 65, 78, 99)	(3, 2, 3, 1, 1)
D3	(0, 3, 4, 2, 1)	(0, 0, 3, 5, 2)	(0, 0, 31, 93, 186)	(2, 3, 4, 1, 0)	(0, 68, 65, 78, 99)	(3, 3, 2, 1, 1)
Z4	(0, 2, 2, 4, 2)	(0, 0, 1, 5, 4)	(0, 0, 31, 93, 186)	(0, 3, 2, 2, 3)	(0, 68, 65, 78, 99)	(3, 3, 3, 1, 0)
DB3	(0, 1, 3, 5, 1)	(2, 2, 5, 1, 0)	(0, 0, 31, 93, 186)	(3, 5, 2, 1, 0)	(0, 68, 65, 78, 99)	(3, 1, 2, 2, 2)

表 E.1（续）

地区/省（直辖市）	C6-5	C7-1	C7-2	C7-3	C11	C12
Z2	(1, 1, 5, 2, 1)	(1, 2, 5, 2, 0)	(2, 2, 4, 1, 1)	(0, 2, 7, 1, 0)	(1, 1, 4, 2, 2)	(0, 2, 6, 1, 1)
D1	(0, 0, 0, 3, 7)	(0, 0, 0, 7, 3)	(0, 0, 0, 1, 9)	(0, 0, 0, 8, 2)	(0, 0, 0, 1, 9)	(0, 0, 1, 6, 3)
D7	(0, 0, 1, 3, 6)	(0, 2, 4, 3, 1)	(1, 3, 2, 1, 3)	(0, 1, 5, 3, 1)	(0, 0, 0, 3, 7)	(0, 1, 6, 2, 1)
X9	(1, 2, 4, 2, 1)	(1, 3, 5, 1, 0)	(0, 0, 2, 2, 6)	(1, 4, 4, 1, 0)	(1, 2, 3, 2, 2)	(1, 4, 4, 1, 0)
D9	(0, 0, 1, 2, 7)	(0, 0, 4, 3, 3)	(2, 4, 3, 1, 0)	(0, 0, 3, 5, 2)	(0, 0, 0, 2, 8)	(0, 0, 3, 4, 3)
X2	(1, 3, 4, 1, 1)	(2, 4, 4, 0, 0)	(1, 3, 1, 2, 3)	(2, 3, 5, 0, 0)	(3, 2, 4, 1, 0)	(1, 3, 5, 1, 0)
X5	(1, 2, 4, 2, 1)	(2, 4, 4, 0, 0)	(0, 1, 2, 2, 5)	(1, 3, 6, 0, 0)	(1, 2, 3, 2, 2)	(2, 4, 3, 1, 0)
D10	(1, 2, 2, 3, 2)	(2, 4, 4, 0, 0)	(0, 1, 2, 1, 6)	(0, 3, 3, 4, 0)	(0, 2, 3, 2, 3)	(2, 5, 3, 0, 0)
D3	(1, 2, 3, 3, 1)	(0, 2, 5, 3, 0)	(0, 2, 2, 1, 5)	(0, 2, 6, 2, 0)	(1, 2, 5, 2, 0)	(0, 3, 4, 3, 0)
Z4	(1, 3, 3, 2, 1)	(0, 3, 5, 2, 0)	(2, 2, 3, 2, 1)	(0, 3, 4, 3, 0)	(1, 3, 4, 2, 0)	(0, 4, 4, 2, 0)
DB3	(2, 2, 4, 1, 1)	(1, 4, 5, 0, 0)	(1, 2, 2, 1, 4)	(0, 3, 5, 2, 0)	(2, 3, 4, 1, 0)	(1, 3, 5, 1, 0)
Z5	(1, 1, 2, 2, 4)	(0, 0, 6, 3, 1)	(0, 0, 1, 2, 7)	(0, 0, 5, 3, 2)	(0, 1, 2, 4, 3)	(0, 0, 5, 4, 1)
Z6	(1, 1, 3, 2, 3)	(0, 2, 6, 2, 0)	(2, 4, 2, 2, 0)	(0, 1, 7, 3, 0)	(0, 1, 3, 4, 2)	(0, 3, 5, 2, 0)
DB2	(2, 3, 3, 1, 1)	(0, 0, 2, 6, 2,)	(0, 0, 2, 3, 5)	(0, 0, 5, 3, 2)	(2, 1, 3, 4, 0)	(0, 0, 4, 5, 1)
D5	(0, 0, 2, 2, 6)	(0, 0, 2, 7, 1)	(3, 4, 2, 1, 0)	(0, 0, 3, 6, 1)	(0, 0, 1, 2, 7)	(0, 0, 2, 6, 2)
Z3	(1, 5, 1, 1, 2)	(0, 2, 6, 2, 0)	(0, 0, 3, 1, 6)	(0, 2, 5, 3, 0)	(3, 3, 2, 2, 0)	(0, 1, 5, 4, 0)
DB1	(1, 4, 3, 1, 1)	(0, 2, 5, 3, 0)	(2, 3, 3, 1, 1)	(0, 3, 4, 3, 0)	(2, 3, 3, 2, 0)	(0, 3, 5, 2, 0)
X1	(2, 3, 3, 1, 1)	(0, 3, 4, 3, 0)	(0, 0, 03, 7)	(0, 2, 4, 4, 0)	(3, 4, 1, 2, 0)	(0, 2, 5, 3, 0)
X11	(2, 2, 4, 1, 1)	(1, 4, 5, 1, 0)	(0, 2, 1, 2, 5)	(2, 5, 2, 1, 0)	(4, 3, 2, 1, 0)	(1, 3, 5, 1, 0)

表 E.1（续）

地区/省 （直辖市）	C6-5	C7-1	C7-2	C7-3	C11	C12
X10	(2, 2, 3, 2, 1)	(4, 5, 1, 0, 0)	(0, 0, 1, 3, 6)	(4, 4, 2, 0, 0)	(5, 3, 2, 0, 0)	(3, 4, 3, 0, 0)
D8	(2, 3, 2, 2, 1)	(0, 0, 6, 3, 1)	(0, 3, 1, 1, 5)	(0, 0, 8, 2, 0)	(2, 3, 2, 2, 1)	(0, 0, 7, 3, 0)
Z1	(2, 3, 2, 1, 2)	(0, 2, 6, 2, 0)	(3, 3, 3, 1, 0)	(0, 1, 6, 4, 0)	(3, 3, 3, 1, 0)	(0, 1, 7, 2, 0)
X8	(1, 2, 2, 2, 3)	(1, 3, 6, 0, 0)	(2, 2, 2, 1, 3)	(0, 4, 5, 1, 0)	(0, 2, 2, 2, 4)	(1, 4, 5, 0, 0)
D4	(0, 0, 1, 2, 8)	(0, 0, 4, 5, 1)	(3, 4, 2, 1, 0)	(0, 0, 3, 6, 1)	(0, 0, 1, 1, 8)	(0, 0, 4, 5, 1)
X4	(0, 2, 2, 3, 3)	(0, 4, 5, 1, 0)	(0, 0, 0, 2, 8)	(0, 3, 5, 2, 0)	(0, 1, 2, 2, 5)	(1, 3, 5, 1, 0)
D2	(0, 1, 2, 3, 4)	(0, 0, 5, 4, 1)	(4, 4, 1, 1, 0)	(0, 0, 6, 4, 0)	(0, 0, 2, 2, 6)	(0, 0, 6, 3, 1)
X7	(2, 1, 2, 3, 2)	(3, 6, 1, 0, 0)	(1, 3, 1, 1, 4)	(2, 7, 1, 0, 0)	(6, 4, 0, 0, 0)	(3, 5, 2, 0, 0)
X12	(2, 1, 2, 4, 1)	(2, 7, 1, 0, 0)	(3, 5, 1, 1, 0)	(2, 6, 2, 0, 0)	(6, 3, 1, 0, 0)	(1, 6, 3, 0, 0)
X6	(2, 2, 2, 3, 1)	(1, 7, 2, 0, 0)	(0, 3, 1, 2, 4)	(1, 6, 3, 0, 0)	(5, 4, 1, 0, 0)	(2, 5, 3, 0, 0)
D6	(0, 0, 2, 1, 7)	(0, 0, 3, 6, 1)	(0, 3, 2, 1, 4)	(0, 0, 2, 8, 0)	(0, 0, 1, 2, 7)	(0, 0, 2, 7, 1)
X3	(1, 2, 2, 4, 1)	(0, 0, 6, 3, 1)	(2, 4, 2, 1, 1)	(0, 0, 4, 5, 1)	(0, 1, 1, 2, 6)	(0, 0, 5, 4, 1)

表 E.2 定量指标数据

地区/省 （直辖市）	C2-1	C2-2	C5-1	C5-2	C5-3	C6-1	C6-2	C6-3
Z2	0.428	35997	115.53	764.53	1265.01	94.63%	93.95%	100.00%
D1	0.694	106497	54.54	647.12	449.88	100.00%	100.00%	100.00%
D7	0.481	67966	62.75	1062.48	1122.31	96.59%	97.65%	100.00%
X9	0.368	26165	119.37	739.87	950.28	97.82%	99.36%	100.00%

表 E.2（续）

地区/省（直辖市）	C2-1	C2-2	C5-1	C5-2	C5-3	C6-1	C6-2	C6-3
D9	0.545	67503	30.66	808.58	719.45	98.29%	97.20%	100.00%
X2	0.398	35190	45.17	574.45	795.55	89.31%	89.84%	100.00%
X5	0.394	29847	124.05	510.98	508.21	93.43%	99.40%	100.00%
D10	0.392	40818	52.97	313.80	1391.88	96.61%	95.92%	100.00%
D3	0.385	40255	140.02	718.30	781.59	95.28%	94.41%	100.00%
Z4	0.444	39123	151.67	562.28	562.34	95.37%	94.32%	100.00%
DB3	0.346	39462	120.11	617.63	608.01	98.93%	98.82%	100.00%
Z5	0.444	50654	60.71	890.66	1316.79	98.52%	98.99%	100.00%
Z6	0.485	42754	73.43	858.47	1076.74	89.73%	88.85%	100.00%
DB2	0.357	51086	146.99	1197.74	1038.61	88.24%	87.14%	100.00%
D5	0.536	87995	43.32	793.36	778.20	99.26%	99.64%	100.00%
Z3	0.422	36724	56.16	674.15	768.86	83.65%	82.44%	100.00%
DB1	0.416	65354	141.98	870.71	1568.50	93.87%	94.41%	100.00%
X1	0.324	71101	113.42	3068.71	2534.70	89.87%	90.76%	100.00%
X11	0.316	43805	119.17	981.86	1614.09	95.32%	96.58%	100.00%
X10	0.289	41252	47.64	113.62	530.86	79.41%	72.59%	100.00%
D8	0.444	64168	44.61	666.46	866.15	96.56%	95.63%	100.00%
Z1	0.358	34919	90.17	545.23	750.84	95.21%	95.09%	100.00%
X8	0.384	47626	69.89	503.25	558.53	87.61%	86.24%	100.00%

表 E.2（续）

地区/省（直辖市）	C2-1	C2-2	C5-1	C5-2	C5-3	C6-1	C6-2	C6-3
D4	0.565	103796	53.81	655.64	416.48	96.66%	95.58%	100.00%
X4	0.448	36775	84.35	773.67	692.68	98.67%	98.38%	100.00%
D2	0.433	107960	40.22	715.35	359.66	96.75%	96.28%	100.00%
X7	0.269	31999	73.36	0	406.46	73.65%	69.04%	100.00%
X12	0.356	40036	94.05	1254.76	1431.84	89.88%	94.25%	100.00%
X6	0.39	28806	58.80	447.75	1234.45	78.11%	78.20%	100.00%
D6	0.623	77644	40.26	612.01	613.10	97.76%	98.81%	100.00%
X3	0.493	52321	96.51	3594.53	818.93	95.23%	96.48%	100.00%

地区/省（直辖市）	C6-4	C7-4	C8-1	C8-2	C8-3	C9-1	C9-2	C9-3
Z2	100.00%	70.71	0.73	92.37%	57.65%	93.81%	0.153	0.303
D1	100.00%	69.60	0.76	99.89%	47.87%	100.00%	0.063	0.045
D7	100.00%	58.25	0.58	97.75%	33.96%	98.83%	0.072	1.231
X9	100.00%	51.39	1.44	95.60%	53.11%	95.26%	0.156	0.116
D9	100.00%	74.34	0.88	98.78%	70.47%	98.97%	0.076	0.207
X2	100.00%	52.45	1.36	88.21%	68.94%	86.26%	0.524	0.325
X5	100.00%	38.35	1.50	90.36%	62.41%	88.17%	0.217	0.122
D10	100.00%	15.08	0.64	95.49%	20.66%	90.23%	0.099	0.046
D3	100.00%	51.95	0.90	94.28%	58.08%	93.34%	0.059	0.069

表 E.2（续）

地区/省 （直辖市）	C6－4	C7－4	C8－1	C8－2	C8－3	C9－1	C9－2	C9－3
Z4	100.00%	75.82	1.06	94.92%	61.21%	92.73%	0.250	0.012
DB3	100.00%	34.03	1.05	97.15%	66.52%	91.46%	0.124	0.086
Z5	100.00%	60.86	1.16	98.38%	60.86%	89.78%	0.135	0.188
Z6	100.00%	47.72	0.99	92.56%	67.85%	91.39%	0.432	0.680
DB2	100.00%	31.85	1.22	89.61%	60.98%	89.57%	0.216	0.156
D5	100.00%	89.42	0.90	98.79%	56.98%	99.20%	0.198	0.138
Z3	100.00%	48.24	0.71	86.20%	65.18%	85.35%	0.046	0.073
DB1	100.00%	46.54	0.96	91.53%	61.97%	84.29%	0.067	0.063
X1	100.00%	31.54	0.80	88.41%	37.33%	91.65%	0.033	0.099
X11	100.00%	38.41	1.73	91.37%	63.43%	90.32%	0.015	0.153
X10	100.00%	14.39	1.31	83.28%	68.51%	90.80%	0.080	0.189
D8	100.00%	81.50	0.74	95.25%	58.38%	96.45%	0.075	0.355
Z1	100.00%	38.65	0.90	93.12%	56.97%	94.67%	0.198	0.139
X8	100.00%	68.09	1.77	88.43%	47.23%	92.53%	0.023	0.060
D4	100.00%	67.73	1.11	97.86%	57.28%	93.89%	0.434	0.204
X4	100.00%	78.01	0.96	93.21%	56.00%	95.17%	0.094	0.157
D2	100.00%	55.46	1.31	95.69%	35.75%	93.87%	0.085	0.217
X7	100.00%	8.53	0.42	80.27%	9.11%	82.41%	0.492	0.689
X12	100.00%	43.91	0.82	86.91%	48.27%	81.35%	0.067	0.390

表 E.2 (续)

地区/省(直辖市)	C6-4	C7-4	C8-1	C8-2	C8-3	C9-1	C9-2	C9-3
X6	100.00%	48.05	1.11	85.32%	64.71%	84.69%	0.337	0.498
D6	100.00%	74.00	0.55	96.25%	55.95%	98.81%	0.129	0.335
X3	100.00%	51.63	0.69	92.73%	55.80%	96.43%	0.676	0.582

地区/省(直辖市)	C10-1	C10-2	C10-3	C13-1	C13-2	C13-3	C14-1	C14-2	C14-3
Z2	83.46%	85.13%	8.40%	0.000	0.000	0.000	0	0	0
D1	87.38%	91.91%	10.60%	0.030	0.030	0.000	0	0	0
D7	85.52%	92.37%	16.93%	0.000	0.000	0.000	0	0	0
X9	68.82%	94.28%	10.06%	0.083	0.413	41.938	36	0	6
D9	15.92%	88.13%	15.42%	0.000	0.000	0.000	0	0	0
X2	74.30%	92.12%	8.88%	0.211	0.158	0.105	17	58.82%	3
X5	88.14%	83.42%	9.42%	0.099	0.099	0.000	13	7.69%	1
D10	62.81%	97.61%	19.07%	0.343	0.343	37.715	2	0	1
D3	85.30%	90.26%	7.42%	0.000	0.000	0.000	0	0	0
Z4	78.57%	88.93%	8.47%	0.022	0.419	0.000	61	59.02%	6
DB3	88.28%	98.59%	5.39%	0.050	0.050	0.000	0	0	0
Z5	78.40%	89.47%	5.98%	0.144	0.173	9.230	75	65.33%	5
Z6	69.37%	89.20%	7.81%	0.041	0.041	3.956	69	46.38%	3
DB2	83.86%	95.24%	6.95%	0.147	0.220	18.777	2	0	1

表 E.2（续）

地区/省（直辖市）	C10-1	C10-2	C10-3	C13-1	C13-2	C13-3	C14-1	C14-2	C14-3
D5	78.05%	84.11%	6.46%	0.000	0.000	0.000	0	0	0
Z3	82.15%	80.32%	14.81%	0.356	0.458	0.000	2	0	1
DB1	81.93%	92.14%	7.34%	0.219	0.607	5.783	37	16.22%	2
X1	74.41%	97.44%	8.16%	0.000	0.000	0.000	0	0	0
X11	73.85%	94.98%	5.36%	0.183	0.183	0.000	2	0	1
X10	83.39%	99.46%	4.00%	0.000	0.000	0.000	0	0	0
D8	73.61%	88.84%	9.08%	0.000	0.000	0.000	0	0	0
Z1	76.33%	92.85%	13.60%	0.000	0.000	0.000	0	0	0
X8	66.82%	90.40%	13.16%	0.000	0.000	0.000	0	0	0
D4	92.36%	73.72%	7.89%	0.409	0.389	32.542	28	21.43%	6
X4	78.09%	94.62%	9.64%	0.000	0.000	0.000	0	0	0
D2	69.32%	95.59%	9.07%	0.051	0.051	4.791	3	0	1
X7	72.62%	99.75%	24.47%	0.000	0.000	0.000	0	0	0
X12	82.86%	87.43%	6.65%	0.159	0.212	7.405	6	0	1
X6	79.61%	94.16%	8.94%	0.103	0.052	2.586	1	0	1
D6	75.22%	91.32%	18.76%	0.000	0.000	0.000	0	0	0
X3	79.95%	79.77%	9.66%	0.000	0.000	0.000	0	0	0

参考文献

[1] 蓝麒，刘三江. 典型国家特种设备安全监管模式及对我国的启示 [J]. 中国特种设备安全，2016 (1):59-64.

[2] 楚琳. 浅析欧盟特种设备监管 [J]. 世界标准化与质量管理，2008 (10)：29-30.

[3] 赵恩胜. 塘沽地区特种设备突发事件应急管理研究 [D]. 天津：天津大学，2013.

[4] 钱宗明. 特种设备安全监管责任落实难点在基层 [J]. 中国特种设备安全，2006 (11):24-27.

[5] 李同德. 特种设备安全动态监管体系建设探讨 [J]. 中国特种设备安全，2006 (8):25-26.

[6] 罗云，杨胜洲，白福利. 特种设备安全评价与业绩测评方法研究 [J]. 现代职业安全，2007 (2):83-85.

[7] 王福德，孙强. 浅议基层特种设备管理中的几个不足 [J]. 中国质量技术监督，2007 (2):40.

[8] 国务院发展研究中心"中国发展观察研究"课题组. 我国特种设备安全监管的发展思路和对策建议 [J]. 经济研究参考，2008 (37):2-18.

[9] 阮素梅. 实施区域监管是经济发展的必然结果 [J]. 现代商业，2008 (8):206.

[10] 彭浩斌. 我国特种设备安全管理体系研究 [D]. 广州：华南理工大学，2011.

[11] 孔建伟. 特种设备安全管理模式探讨 [D]. 南昌：南昌大学，2010.

[12] 张东栋. 浅谈基层质监如何做好特种设备安全监察工作 [J]. 大众标准化，2010 (S2):41-42.

[13] 潘登. 湖南省特种设备安全监管研究 [D]. 长沙：湖南大学，2011.

[14] 王文湛. 赤峰市特种设备安全监察问题研究 [D]. 呼和浩特：内蒙古大学，2011.

[15] 冯杰，罗云，曾珠，等. 特种设备安全绩效与安全监管能力相关性研究 [J]. 中国安全科学学报，2012，22 (2):170-176.

[16] 冯杰，罗云，曾珠，等. 特种设备安全监管宏观指标增速可接受水平研究 [J]. 中国安全科学学报，2013，23 (5):121-125.

[17] 谢腾飞，程秋平. 场（厂）内机动车辆安全监管的问题和思考 [J]. 工业安全与环保，2013，39 (10):77-78.

[18] 郝素利，石文杰，李超锋. 基于 ISM 的特种设备安全监管体系构建 [J]. 工业安全与

环保，2014，40（4）：34-39．

［19］李党建，张雪峰．行政体制改革后如何加强特种设备安全监管［J］．质量探索，2015（4）：19-20．

［20］薛宇敬阳，樊运晓，卢明，等．美、英、澳安全监管对我国特种设备安全监管的借鉴研究［A］．第二届行为安全与安全管理国际学术会议论文集［C］．澳大利亚维多利亚州：安全科学出版社，2015：283-288．

［21］杨璐，樊运晓，王君旭，等．基于数据包络法的特种设备安全监管绩效测评研究［A］．第二届行为安全与安全管理国际学术会议论文集［C］．澳大利亚维多利亚州：安全科学出版社，2015：289-296．

［22］高远，樊运晓，王一帆，等．基于系统思考的我国特种设备监管压力缓解研究［J］．中国安全科学学报，2016，26（12）：128-133．

［23］姜翊博．我国特种设备安全监管问题与对策研究——基于东营市的监管模式［D］．乌鲁木齐：新疆大学，2016．

［24］张松．县级电梯安全监管面临的问题及对策［J］．中国质量技术监督，2016（7）：67-69．

［25］毛国均．以风险评估为基础的定期检验模式［J］．中国特种设备安全，2008（8）：56-57．

［26］顾徐毅．基于风险的电梯安全评价方法研究［D］．上海：上海交通大学，2009．

［27］黄欣．基于风险的特种设备安全监管模式研究［D］．广州：华南理工大学，2010．

［28］郭冰．大型常压储罐群风险评估技术研究［D］．保定：河北大学，2010．

［29］毛玮．基于风险的西塔项目电梯安装工程安全管理研究［D］．广州：华南理工大学，2011．

［30］孙春生．安全管理体系对电站承压设备安全的启示［J］．金属热处理，2011，36（9）：467-471．

［31］何倩．基于风险的特种设备事故隐患分类分级研究［D］．北京：中国地质大学（北京），2012．

［32］郝素利，江书军，丁日佳．风险导向的特种设备使用单位分类监管方法研究［J］．工业安全与环保，2013（7）：31-33．

［33］崔庆玲．基于风险的特种设备行政许可策略及方法研究［D］．北京：中国地质大学（北京），2013．

［34］王新杰．基于风险的特种设备分类方法研究［D］．北京：中国地质大学（北京），2013．

［35］罗云，徐丽丽，崔文，等．承压类特种设备典型事故现实风险分级评价方法研究［J］．安全与环境工程，2014，21（1）：98-102．

［36］王新杰，罗云，何毅．承压类特种设备使用过程风险分级方法研究［J］．工业安全与环保，2014，40（4）：52-55．

［37］曾珠．承压类特种设备社会风险预警方法及控制策略研究［D］．北京：中国地质大学

（北京），2015.

[38] 杨燕鹏. 基于风险评价的压力管道分级监管策略方法研究 ［D］. 北京:中国地质大学（北京），2015.

[39] 孙宁. 基于风险的特种设备分类监管策略与方法研究 ［D］. 北京:中国地质大学（北京），2016.

[40] 门智峰，张彦朝. 特种设备的风险评估技术 ［J］. 中国安全生产科学技术，2006，2（1）:92 - 94.

[41] 孙新文. 风险评估（RBI）在石化特种设备管理中的应用展望 ［J］. 石油化工设备技术，2006，27（3）:33 - 35.

[42] 张纲. 特种设备安全与事故预防 ［A］. 全国失效分析与安全生产高级研讨会论文集 ［C］. 北京:中国机械工程学会，2006:3 - 9.

[43] 丁惠嘉. 升降横移类机械式停车设备危险因素及防护措施 ［J］. 现代职业安全，2008（10）:96 - 97.

[44] 张广明，邱春玲，钱夏夷，等. 模糊层次分析法和人工神经网络模型在电梯风险评估中的应用 ［J］. 控制理论与应用，2009，26（8）:931 - 933.

[45] Kohiyama M，Kita T，Mitsui A. Evaluation of seismic damage risk of elevator rope in high—rise building based on CCQC method ［A］. 9th US National and 10th Canadian Conference on Earthquake Engineering 2010，Including Papers from the 4th International Tsunami Symposium ［C］，July，2010.

[46] Park S T，Yang B S. An implementation of risk—based inspection for elevator maintenance ［J］. Journal of Mechanical Science and Technology，2010，24（12）: 2367 - 2376.

[47] 何俊，孟涛，何仁洋，等. 半定量风险评价技术在原油管道中的应用 ［A］. 第四届全国管道技术学术会议 ［C］. 北京:化学工业出版社，2010:218 - 221.

[48] Kohiyama M，Kita T. Seismic risk assessment of building—elevator systems based on simulated ground motion considering long period components and phase characteristics ［A］. 11th International Conference on Applications of Statistics and Probability in Civil Engineering，ICASP ［C］，August 4，2011:2568 - 2575.

[49] Liu F J，Kong S，Ling Z W，et al. Assessment methodology of power station boiler superheater based on risk—based inspection technology ［J］. Journal of Zhejiang University (Engineering Science)，2011，45（10）:1791 - 1798.

[50] 高亮，苗均珂，王政祥，等. 高压聚乙烯装置基于风险的检验 ［J］. 中国特种设备安全，2011（10）:46 - 49.

[51] 于源，王克俭. AHP—ATA 在电梯风险评估中的应用 ［J］. 土木建筑与环境工程，2012，34（6）:103 - 106.

[52] Yang J B，Zheng J，Li X F，et al. Research on systemic risk of pressure special

equipment [J]. American Society of Mechanical Engineers, Pressure Vessels and Piping Division, 2012, 1 (7):559 - 564.

[53] Liu Y J, Wu X J, Wang X H, et al. An improved risk assessment expert system for elevator in use [J]. Lecture Notes in Electrical Engineering, 2013 (263):1277 - 1286.

[54] Liu B L, Zou H Y, Chen X. Applying fuzzy set in elevator safety management evaluation method [J]. Advanced Materials Research, 2013 (3):712 - 715.

[55] Jung S H, Lutostansky E, Schork J. Risk analysis on overpressure of pressure vessel burst [J]. Process Safety, 2013, 1 (5):138 - 146.

[56] 赵鑫. 起重机械风险评估方法与预防性检修策略研究 [D]. 沈阳:东北大学, 2013.

[57] 金恋. 大型球罐风险评估技术研究 [D]. 武汉:武汉工程大学, 2013.

[58] Li Y J, Wang D P, Li S X. Development of Boiler Risk Management and Life Prediction System [A]. Advances in Materials Technology for Fossil Power Plants—Proceedings from the 7th International Conference [C], October 22, 2013:1182 - 1189.

[59] Che C, Qian G, Chen X Z, et al. Analysis of safety status and risk factors of supercritical power station boiler [J]. Structural Health Monitoring and Integrity Management, 2014 (9):261 - 264.

[60] 朱连滨, 吴宪, 陈辉. 特种设备安全风险评估与控制对策研究 [J]. 中国安全科学学报, 2014, 24 (1):150 - 155.

[61] 杨强, 孙志礼, 赵鑫, 等. 可测量潜在故障模式的特种设备可靠寿命预测 [J]. 东北大学学报(自然科学版), 2014, 35 (1):88 - 92.

[62] 钱剑雄, 孙佩. 客运索道定量风险评价方法研究 [J]. 中国特种设备安全, 2015 (4):8 - 13.

[63] 董颖, 罗云, 贾洪鉴, 等. 特种设备整类综合风险评价方法研究 [J]. 中国公共安全(学术版), 2015 (3):24 - 29

[64] Sharp W. B. A. Recovery boiler inspection strategy [A]. Pulping, Engineering, Environmental, Recycling, Sustainability Conference 2016 [C], September 26, 2016:107 - 126.

[65] 苗宏亮. 特种设备安全评价体系的建立及应用 [D]. 南京:南京理工大学, 2007.

[66] 杨振林, 刘金兰. 基于层次分析法的特种设备风险评价体系研究 [J]. 压力容器, 2008, 25 (9):28 - 33.

[67] 惠志全, 毛力, 牟乐, 等. 模糊评价数学模型在特种承压设备安全评价中的应用 [J]. 化学工程与装备, 2016 (12):265 - 266.

[68] 张立文, 肖传冰. 浅议特种设备使用环节分类监管 [J]. 品牌与标准化, 2011 (Z1):79 - 80.

[69] 江书军, 郝素俐, 丁日佳. 基于层次分析法的特种设备使用单位风险评价体系研究

[J]. 工业安全与环保，2012，38（11）:1-4.

[70] 曾珠，罗云，杨燕鹏，等. 适于监管的特种设备使用过程关键风险因素辨识分析 [J]. 中国安全科学学报，2014，24（2）:157-163.

[71] 信春华，朱玉同，李春华. 特种设备使用单位风险评价信息系统研究 [J]. 工业安全与环保，2014（5）:66-68.

[72] 江书军. 基于风险的特种设备使用单位分类监管应用研究 [J]. 中国安全生产科学技术，2014，10（10）:179-184.

[73] 柳朝译. 阳江市住宅小区电梯安全监管研究 [D]. 广州:华南理工大学，2015.

[74] 曹康. 基于 IAHP 和灰色关联分析的海洋平台压力容器安全评价 [D]. 兰州:兰州理工大学，2016.

[75] 蔡昌全. 论特种设备法规、标准缺陷带来的检验责任风险 [J]. 中国特种设备安全，2007（6）:6-9.

[76] 梁峻，陈国华. 特种设备风险管理体系构建及关键问题探究 [J]. 中国安全科学学报，2010，20（9）:132-138.

[77] 吴祖祥. 特种设备安全监察管理的预警方法研究 [D]. 福州:福州大学，2011.

[78] 王新浩，罗云，何义，等. 特种设备政府安监职能转变风险预警及控制决策方法研究 [J]. 中国安全科学学报，2014，24（12）:103-109.

[79] 林榕捷. 福清市特种设备安全监察风险评价的研究 [D]. 福州:福州大学，2014.

[80] 张和军. 莱芜市钢城区特种设备安全监督管理问题研究——基于风险评估理论 [D]. 济南:山东师范大学，2015.

[81] 王铮. 基于风险分析的特种设备行政许可改革研究 [D]. 武汉:武汉工程大学，2016.

[82] 杨胜州. 特种设备安全评价指标体系研究 [D]. 北京:中国地质大学（北京），2006.

[83] 王冠韬，罗斯达，罗云，等. 基于功效系数法的特种设备宏观安全风险评价模型 [J]. 中国安全生产科学技术，2016（9）:146-151.

[84] 周彦喆. 基于 HHM 的工程项目风险评价与控制 [D]. 北京:中国地质大学（北京），2009.

[85] 张磊，王卫东，陈宝华，等. 钻井队现场风险识别技术初探 [J]. 中国安全生产科学技术，2009（S1）:65-69.

[86] 杨涛. 技术灾害的致灾因素分析及其风险评价体系的研究 [D]. 北京:中国地震局地球物理研究所，2007.

[87] 薛瑶，刘永强，戴玮，等. WBS-RBS 法在水利工程全过程管理中的风险识别 [J]. 中国农村水利水电，2014（2）:71-74.

[88] Tan L J. Wang S J. WBS-RBS-based hydropower projects investment risk analysis [J]. Advanced Materials Research，2012（3）:3065-3071.

[89] 李婵，张文德. 基于流程图分析法的高校数字图书馆知识产权风险识别 [J]. 图书馆

学研究，2010 (15):95－101.

[90] 李舒亮. 建设项目的风险管理效率研究 [D]. 哈尔滨:哈尔滨工业大学，2006.

[91] 成琼文，周盼盼，宋娟. 基于系统动力学的氧化铝行业风险识别研究 [J]. 中国人口·资源与环境，2014，24 (3):401－407.

[92] Al－Emran A，Pfahl D. Performing operational release planning, replanning and risk analysis using a system dynamics simulation model [J]. Software Process Improvement and Practice，2008，13 (3)：265－279.

[93] Carelli A C，Ladario M P. A quality risk analysis considering human factors for bioprocesses [J]. Reliability, Risk and Safety:Back to the Future，2010：204－211.

[94] Cheng C L. An evaluation tool of infection risk analysis for drainage systems in high－rise residential buildings [J]. Building Services Engineering Research and Technology，2008，29 (3)：233－248.

[95] Patrucco M，Bersano D，Cigna C，et al. Computer image generation for job simulation:An effective approach to occupational Risk Analysis [J]. Safety Science，2010，48 (4)：508－516.

[96] Lemley J R，Fthenakis Vasilis M. Security risk analysis for chemical process facilities [J]. Process Safety Progress，2003，22 (3)：153－160.

[97] 曹秀峰. 基于 SVM 的高层建筑施工安全风险分析 [D]. 青岛:青岛理工大学，2012.

[98] Wang Y. Coal mine safety risk prediction by RS－SVM combined model [J]. Journal of China University of Mining and Technology，2017 (2)：423－429.

[99] Huang Z X，Dong W，Duan H D. A probabilistic topic model for clinical risk stratification from electronic health records [J]. Journal of Biomedical Informatics，2015，58 (12):28－36.

[100] 谭章禄，王泽，陈晓. 基于 LDA 的煤矿安全隐患主题发现研究 [J]. 中国安全科学学报，2016，26 (6):123－128.

[101] 顾婧，周宗放. 基于可变精度粗糙集的新兴技术企业信用风险识别 [J]. 管理工程学报，2010，24 (1):70－75.

[102] 冉文生. 基于扎根理论的特种设备安全风险因子识别研究 [J]. 新疆社会科学，2014 (3):42－29.

[103] 金志农，李端妹，金莹，等. 地方科研机构绩效考核指标及其权重计算——基于专家分析法和层次分析法的对比研究 [J]. 科技管理研究，2009 (12):103－106.

[104] 李霞，干胜道. 基于功效系数法的非营利组织财务风险评价 [J]. 财经问题研究，2016 (4):88－94.

[105] 陈晓红，李喜华. 基于直觉梯形模糊 TOPSIS 的多属性群决策方法 [J]. 控制与决策，2013 (9)：377－1381.

［106］彭国甫，李树丞，盛明科. 应用层次分析法确定政府绩效评估指标权重研究［J］. 中国软科学，2004（6）：136-139.

［107］许国兵，张文杰. 基于网络层次分析法的物流外包满意度评价方法研究［J］. 南开经济研究，2007（5）：120-132.

［108］罗军刚，解建仓，阮本清. 基于熵权的水资源短缺风险模糊综合评价模型及应用［J］. 水利学报，2008（9）：1092-1097.

［109］张弘，赵惠祥，刘燕萍，等. 基于主成分分析法的科技期刊评价方法［J］. 编辑学报，2008（1）：87-90.

［110］韩延玲，高志刚. 新疆区域投资环境的组合评价研究［J］. 干旱区资源与环境，2007（1）：103-108.

［111］郭金维，蒲绪强，高祥，等. 一种改进的多目标决策指标权重计算方法［J］. 西安电子科技大学学报，2014（6）：118-125.

［112］鲍新中，刘澄. 一种基于粗糙集的权重确定方法［J］. 管理学报，2009（6）：729-732.

［113］Ye W，Tong Y F，Li D B，et al. The bridge crane's energy efficiency fuzzy evaluation based on the rough set theory［J］. Journal of Harbin Engineering University，2014，35（8）：997-1001.

［114］Wang B L，Liang J Y，Qian Y H. Determining decision makers' weights in group ranking：a granular computing method［J］. International Journal of Machine Learning and Cybernetics，2015，6（3）：511-521.

［115］周辉，鲁燕飞，王黔英，等. 基于信息粒度的属性权重确定方法［J］. 统计与决策，2006（20）：134-136.

［116］王艳辉，黄雅坤，李曼. 基于组合赋权方法的城轨线路运营安全评价［J］. 同济大学学报（自然科学版），2013（8）：1243-1248.

［117］孙莹，鲍新中. 一种基于方差最大化的组合赋权评价方法及其应用［J］. 中国管理科学，2011（6）：141-148.

［118］陈嘉立，李学建. 基于主成分和层次分析法的银行绩效评价研究［J］. 系统科学学报，2011（1）：74-76.

［119］Tee S J，Liu Q，Wang，Z D. Insulation condition ranking of transformers through principal component analysis and analytic hierarchy process［J］. IET Generation, Transmission and Distribution，2017，11（1）.

［120］Huang H Q，Sun G. ERP software selection using the rough set and TPOSIS methods under fuzzy environment［J］. Advances in Information Sciences and Service Sciences，2012，4（3）：111-118.

［121］谭振祥，郝连祥，毛兴华. 矿井通风系统综合指标分级标准的探讨［J］. 金属矿山，1991（5）：31-32.

［122］徐任婷，陆健. 江苏省道路交通安全评价研究［J］. 中国安全科学学报，2007，17 (4):11 - 16.

［123］刘志华. 区域科技协同创新绩效的评价及提升途径研究［D］. 长沙:湖南大学，2013.

［124］闫长斌，路新景. 基于改进的距离判别分析法的南水北调西线工程 TBM 施工围岩分级［J］. 岩石力学与工程学报，2012 (7):1446 - 1451.

［125］王芬. 县级供电企业经营能力的评价方法研究［D］. 广州:华南理工大学，2016.

［126］牛伟，蒋仲安，丁厚成，等. 聚类分析法在行业事故风险分级中的应用［J］. 中国安全科学学报，2008，18 (4):163 - 168.

［127］彭小兰，范晓明. 基于安全检查表法的锅炉厂质量保证体系的安全评价［J］. 安全与环境工程，2010 (6):47 - 50.

［128］胡光俊，吴建星，刘衍. 娱乐场所火灾危险性预先分析［J］. 防灾科技学院学报，2009 (3): 51 - 55.

［129］周荣义，刘何清. 故障假设分析与保护层分析的集成研究［J］. 安全与环境学报，2011 (5):227 - 231.

［130］李畅. 氯乙烯生产装置危险性分析［J］. 中国安全生产科学技术，2007 (5):116 - 118.

［131］李鹏程. 核电厂数字化控制系统中人因失误与可靠性研究［D］. 广州:华南理工大学，2011.

［132］马洪刚，张来斌，樊建春. 作业条件危险性评价法在深水钻完井作业评价中的应用研究［J］. 中国安全生产科学技术，2011 (9):89 - 92.

［133］张进永. 综合维修模式下京津城际安全分析与管理研究［D］. 北京:清华大学，2011.

［134］周麟璋，雍岐东，李斌，等. 基于改进道化学指数法的野战油库安全评估［J］. 安全与环境学报，2012 (3):70 - 72.

［135］梁庆棠. 蒙德法与道化法的选取［J］. 中国安全科学学报，2000，10 (4):55 - 58.

［136］SIU N. Risk assessment for dynamic system:an overview［J］. Reliability Engineering and System Safety，1994，43 (12):81 - 89.

［137］解家毕，孙东亚. 事件树法原理及其在堤坝风险分析中的应用［J］. 中国水利水电科学研究院学报，2006 (2):133 - 137.

［138］刘寅生. 安全评价在某化工企业中的应用研究［D］. 上海:复旦大学，2008.

［139］祁景新，孙旭红. 液化石油气储罐风险综合评价研究［J］. 工业安全与环保，2010 (6):34 - 36.

［140］张伶婉，丁宏飞，陈彦瑾. 基于熵权模糊综合评价的铁路危险货物运输预警［J］. 中国安全科学学报，2012，22 (5):119 - 125.

［141］董会忠，吴朋，丛旭辉，等. 区域生态安全评价与预警研究——以山东半岛蓝色经

济区为例 [J]. 软科学，2016 (9):56－61.

[142] 吴朋，董会忠，张峰. 基于熵权物元可拓模型的山东半岛蓝色经济区生态安全预警 [J]. 科技管理研究，2016 (15):99－104.

[143] 张扬. 城市路网交通预测模型研究及应用 [D]. 上海:上海交通大学，2009.

[144] 顾银宽. 基于时间序列数据的财务危机预警模型及实证研究 [J]. 经济理论与经济管理，2005 (8):42－46.

[145] Reynol J，Candrianna C. Predicting course outcomes with digital textbook usage data [J]. Internet and Higher Education，2015，27 (6):54－63.

[146] Laurens P. Predicting coastal hazards for sandy coasts with a Bayesian Network [J]. Coastal Engineering，2016，118 (12):21－34.

[147] 毛艺萍. 统计预测模型的算法研究及新发展 [D]. 广州:暨南大学，2006.

[148] 李长兴，范荣生. 年最大洪峰流量灰色拓扑区间灾变预测 [J]. 水电能源科学，1995 (2):94－102.

[149] 史传文，吴保生，马吉明. 基于马尔科夫概率预测法的游荡型河道主流突变次数概率预报模式探讨 [J]. 泥沙研究，2008 (2):47－51.

[150] 夏晶晶. 负荷组合预测与电煤存储第三方物流的研究 [D]. 武汉:华中科技大学，2013.

[151] 陈磊，任若恩. 时间序列判别分析技术和指数加权移动平均控制图模型在公司财务危机预警中的应用 [J]. 系统管理学报，2009 (3):241－248.

[152] Berthouex P M. Time series models for forecasting wastewater treatment plant performance [J]. Water Research，1996，30 (8):1865－1875.

[153] Yang J J，Dong B B，Wang Z H. Research on the rabbit farm environmental monitoring and early warning system based on the internet of things [J]. Journal of Computational and Theoretical Nanoscience，2016，13 (9):5964－5970.

[154] 孙星，唐葆君，邱菀华. 企业危机预测与识别模型 [J]. 系统管理学报，2007 (1):27－31.

[155] 景国勋，杨玉中. 安全管理学（第二版） [M]. 北京:中国劳动社会保障出版社，2017.

[156] 中国社会科学院语言研究所. 新华字典（第11版）[M]. 北京:商务印书馆，2011.

[157] 中国安全生产协会注册安全工程师工作委员会，中国安全生产科学研究院. 安全生产管理知识 [M]. 北京:中国大百科全书出版社，2011.

[158] International Civil Aviation Organization. ICAO Safety Management Manual [M]. Montreal:International Civil Aviation Organization，2006.

[159] 刘潜. 从劳动保护工作到安全科学 [M]. 武汉:中国地质大学出版社. 1992.

[160] 吴超. 安全科学方法学 [M]. 北京:中国劳动社会保障出版社，2011.

[161] （日）植草益. 日本的产业组织 [M]. 卢东斌，译. 北京:经济管理出版社，2000.

[162] （美）维斯库斯. 反垄断与管制经济学 [M]. 陈甬军，译. 北京:机械工业出版社，2004.

[163] Henson S，Northen J. Consumer assessment of the safety of beef at the point of purchase：a Pan‐European study [J]. Journal of Agricultural Economic，2000.

[164] 徐婧. 我国食品安全规制问题及对策研究 [D]. 南京:南京航空航天大学，2013.

[165] 张肇中，张红凤. 我国食品安全规制间接效果评价——以乳制品安全规制为例 [J]. 经济理论与经济管理，2014 (5):58‐68.

[166] 肖兴志，齐鹰飞，李红娟. 中国煤矿安全规制效果实证研究 [J]. 中国工业经济，2008 (5):67‐76.

[167] 贾玉玺. 基于寻租理论上的煤矿安全监管效果分析 [J]. 宁夏社会科学，2011 (1):58‐60.

[168] （美）瓦尔特·艾萨德. 区域科学导论 [M]. 陈宗兴，等，译. 北京:高等教育出版社，1991.

[169] 杨吾扬. 经济地理学、空间经济学与区域科学 [J]. 地理学报，1992 (6):561‐569.

[170] 郑先武. 欧盟区域间集体安全的构建——基于欧盟在非洲危机管理行动经验分析 [J]. 世界经济与政治，2012 (1):49‐73.

[171] 王耕，王利，吴伟. 区域生态安全概念及评价体系的再认识 [J]. 生态学报，2007 (4):1627‐1637.

[172] 刘立涛，沈镭，张艳. 中国区域能源安全的差异性分析——以广东省和陕西省为例 [J]. 资源科学，2011 (12):2386‐2393.

[173] 马树庆，王琪. 区域粮食安全的内涵、评估方法及保障措施 [J]. 资源科学，2010 (1):35‐41.

[174] 孙君茂. 区域食物质量安全风险评估研究 [D]. 北京:中国农业科学院，2007.

[175] 刘涛，李晔. 区域道路交通安全水平综合评价和预测方法 [J]. 同济大学学报（自然科学版），2005 (3):311‐315.

[176] 朱正威，张蓉，周斌. 中国区域公共安全评价及其相关因素分析 [J]. 中国行政管理，2006 (1):39‐42.

[177] 中国社会科学院情报研究所. 科学学译文集 [M]. 北京:科学出版社，1980.

[178] （美）冯·贝塔朗菲. 一般系统论 [M]. 北京:社会科学文献出版社，1987.

[179] （美）C. 小阿瑟·威廉斯. 风险管理与保险 [M]. 马从辉，刘国翰，译. 北京:经济科学出版社，2000.

[180] 钱寸草. 卢曼风险系统理论解析 [D]. 上海:华东理工大学，2012.

[181] 顾传辉，陈桂珠. 浅议环境风险评价与管理 [J]. 新疆环境保护，2001 (4):38‐41.

[182] 苑茜. 现代劳动关系辞典 [M]. 北京:中国劳动社会保障出版社，2000.

[183] Hart O，Zingales L. How to Avoid a New Financial Crisis [R]. Working Paper，2009.

[184] ECB. Financial Stability Review [R]. December，2009.

[185] IMF，FSB，BIS. Macroprudential Policy Tools and Frameworks [R]. Working Paper，2011.

[186] 马谦杰，胡乃联. 煤炭生产事故的系统风险理论分析 [J]. 煤矿安全，2006 (4)：73-76.

[187] Foucault M. The Foucault Effect：Studies in Governmentality [M]. London：Harvester Wheatsheaf，1991.

[188] Ewald F. The Foucault Effect：Studies in Governmentality [M]. London：Harvester Wheatsheaf，1991.

[189] Glaser B. G，Strauss A. L. The discovery of grounded theory：Strategies for qualitative research [M]. New Jersey：Transaction Publishers，2009.

[190] Suddaby R. From the editors：what grounded theory is not [J]. The Academy of Management Journal，2006.

[191] Pandit. The Creation of Theory：A Recent Application Of the Grounded Theory Method [R]. The Qualitative Report，1996.

[192] 张红霞，马桦，李佳嘉. 有关品牌文化内涵及影响因素的探索性研究 [J]. 南开管理评论，2009 (4)：11-18.

[193] 王建明，王俊豪. 公众低碳消费模式的影响因素模型与政府管制政策——基于扎根理论的一个探索性研究 [J]. 管理世界，2011 (4)：58-68.

[194] 李燕萍，侯烜方. 新生代员工工作价值观结构及其对工作行为的影响机理 [J]. 经济管理，2012 (5)：77-86.

[195] 张钢，张小军. 企业绿色创新战略的驱动因素：多案例比较研究 [J]. 浙江大学学报（人文社会科学版），2014 (1)：113-124.

[196] 杜晓君，刘赫. 基于扎根理论的中国企业海外并购关键风险的识别研究 [J]. 管理评论，2012 (4)：18-27.

[197] 李柏洲，徐广玉，苏屹. 基于扎根理论的企业知识转移风险识别研究 [J]. 科学学与科学技术管理，2014 (4)：57-65.

[198] 王刚. 海洋环境风险的特性及形成机理：基于扎根理论分析 [J]. 中国人口·资源与环境，2016 (4)：22-29.

[199] Barwise P. Brand equity：Snark or boojum [J]. International Journal of Research in Marketing，1993，10 (1)：93-104.

[200] Boohghee Y，Donthu N，Sungho L. An examination of selected marketing mix elements and brand equity [J]. Academy of Marketing Science，2000，2 (28)：195-211.

[201] Bolten R. N，Lemon K. N，Verhoefpc P. C. The theoretical underpinnings of customer asset management：A framework and propositions for future research [J]. Journal of the academy of marketing science，2004，32 (3)：271-292.

[202] Bollen K，Lennox R. Conventional wisdom on measurement：A structural equation perspective [J]. Psychological Bulletin，1999，110 (2):305 - 314.

[203] 王海忠. 不同品牌资产测量模式的关联性 [J]. 中山大学学报:社会科学版，2008，48 (1):162 - 208

[204] 方福前，吕文慧. 中国城镇居民福利水平影响因素分析——基于阿马蒂亚·森的能力方法和结构方程模型 [J]. 管理世界，2009 (4):17 - 26.

[205] 康肖琼，刘树林，杨丰寻. 操作人员人因失效影响因素研究——以风力发电业为例 [J]. 工业工程与管理，2015，20 (3):131 - 137.

[206] Thomas L. Saaty. Decision Making——The Analytic Hierarchy and Network Processes (AHP/ANP) [J]. Journal of Systems Science and Systems Engineering，2004.

[207] 刘惠萍. 基于网络层次分析法（ANP）的政府绩效评估研究 [J]. 科学学与科学技术管理，2006 (6):111 - 115.

[208] 孙宏才，徐关尧，田平. 用网络层次分析法（ANP）评估应急桥梁设计方案 [J]. 系统工程理论与实践，2007 (3):63 - 70.

[209] 吴春林，汪波，殷红春. 建筑承包商品牌竞争力评价模型——基于网络层次分析法 [J]. 北京理工大学学报（社会科学版），2012 (3):32 - 38.

[210] 徐光，白明莹，田也壮，等. 基于网络层次分析法的技术创新项目评估体系研究 [J]. 科学管理研究，2015 (3):40 - 43.

[211] 杨朝晖，李德毅. 二维云模型及其在预测中的应用 [J]. 计算机学报，1998 (11):961 - 969.

[212] 陈贵林. 一种定性定量信息转换的不确定性模型——云模型 [J]. 计算机应用研究，2010 (6):2006 - 2010.

[213] Wang G Xu C，LI D. Generic normal cloud model [J]. Information Sciences，2014 (10):1 - 15.

[214] Wei K，Liu X X. Cloud model－based subjective trust management model for grid users [J]. Journal of South China University of Technology (Natural Science)，2011，39 (2):81 - 87.

[215] Chi H H，Wu J B，Wang S L，et al. Mining time series data based upon cloud model [J]. ISPRS Archives，2010，38 (5):162 - 166.

[216] Li C T，Nie J，Lin F，et al. A network information security risk assessment method based on cloud model [J]. Revista de la Facultad de Ingenieria，2016，31 (4):133 - 144.

[217] Lu S J，Li X，Lin Y T. Analysis on substation operating costs based on cloud model [J]. Power System Technology，2010，34 (6):205 - 209.

[218] Naylor J，Gilmore M S，Thompson R L，et al. Comparison of objective supercell

identification techniques using an idealized cloud model［J］. Monthly Weather Review，2012，140（7）：2090 - 2102.

［219］Maryam E D，Adil L，Saida T，et al. Toward a new extension of the access control model ABAC for cloud computing［J］. Lecture Notes in Electrical Engineering，2016，366：79 - 89.

［220］刘小龙，邱菀华. 项目工程风险评估云判别模型设计［J］. 北京航空航天大学学报，2008（12）：1445 - 1447.

［221］张秋文，章永志，钟鸣. 基于云模型的水库诱发地震风险多级模糊综合评价［J］. 水利学报，2014（1）：87 - 95.

［222］杨光，刘敦文，褚夫蛟，等. 基于云模型的隧道塌方风险等级评价［J］. 中国安全生产科学技术，2015（6）：95 - 101.

［223］王玲俊，王英. 基于云模型的装备制造业产业链风险评价［J］. 技术经济，2016（2）：80 - 87.

［224］刘翠亭，苏国强，兰月新. 网络舆情安全评估与应对对策研究［J］. 中国公共安全（学术版），2014（3）：89 - 94.

［225］吕辉军，王晔，李德毅，等. 逆向云在定性评价中的应用［J］. 计算机学报，2003，26（8）：1009 - 1014.